"十三五"国家重点图书出版规划项目

绿 色 金 融 与 低 碳 发 展 丛 书

*Input-output Analysis of Carbon
Emission in China:*
Principle, Extension and Application

中国碳排放投入
产出分析：

原理、扩展及应用

计军平 /著

北京大学出版社
PEKING UNIVERSITY PRESS

图书在版编目(CIP)数据

中国碳排放投入产出分析：原理、扩展及应用/计军平著. —北京：北京大学出版社，2020.2

（绿色金融与低碳发展丛书）

ISBN 978-7-301-30547-8

Ⅰ.①中⋯ Ⅱ.①计⋯ Ⅲ.①二氧化碳－排气－投入产出分析－中国 Ⅳ.①X511

中国版本图书馆 CIP 数据核字(2019)第 103276 号

书　　　名	中国碳排放投入产出分析：原理、扩展及应用	
	ZHONGGUO TAN PAIFANG TOURU CHANCHU FENXI:	
	YUANLI、KUOZHAN JI YINGYONG	
著作责任者	计军平　著	
责 任 编 辑	王树通	
标 准 书 号	ISBN 978-7-301-30547-8	
出 版 发 行	北京大学出版社	
地　　　址	北京市海淀区成府路 205 号　100871	
网　　　址	http://www.pup.cn　　　新浪官方微博：@北京大学出版社	
电 子 信 箱	zpup@pup.cn	
电　　　话	邮购部 010-62752015　发行部 010-62750672　编辑部 010-62764976	
印 刷 者	三河市北燕印装有限公司	
经 销 者	新华书店	
	650 毫米×980 毫米　16 开本　12.5 印张　218 千字	
	2020 年 2 月第 1 版　2020 年 2 月第 1 次印刷	
定　　　价	56.00 元	

内 容 简 介

　　随着全球气候变化和资源环境问题的加剧,在发展经济的同时保护环境已成为世界各国的共识。环境投入产出分析在定量研究国民经济各生产部门、需求部门与污染物排放的相互关系方面具有独特优势,已成为资源环境研究领域重要的工具之一。本书在阐述环境投入产出分析基本原理的基础上,探讨了非竞争进口型投入产出模型及结构分解分析(SDA)、结构路径分析(SPA)以及结构路径分解(SPD)等投入产出扩展模型,并详细介绍了环境投入产出分析在中国碳排放研究领域的应用实例。本书编写由浅入深,囊括理论与实践,为读者深入学习、研究环境投入产出分析方法提供了参考。

丛 书 序 言

保护生态环境,应对气候变化,保障能源资源安全,是全球面临的共同挑战。因经济发展所处阶段不同,我国环境治理与低碳发展问题更为复杂、艰难,更具挑战性。当前,我国正处在工业化和城镇化发展的中后期阶段,环境保护压力叠加,污染治理和生态改善任务艰巨复杂,绿色低碳转型形势严峻。此外,由于我国的经济社会发展不平衡,生态环境状况也呈现出一定的区域性差异。我国东部地区已经进入了工业化后期甚至后工业化阶段,生态环境质量总体上呈现好转态势;但中西部地区很大程度上仍在复制东部以往的发展模式,且梯度承接东部转移的相对高污染、高能耗的产能和产业,环境治理压力呈增加态势。在《国民经济与社会发展第十三个五年规划纲要》中,我国明确纳入了碳强度下降等应对气候变化的目标,并建立起责任制,强化目标分解、落实和考核。各地针对自身发展现状也相继推出了调整优化产业和能源结构、提高能源利用效率、增加碳汇等一系列政策措施,全力推进产业、能源、消费领域绿色低碳转型。国际方面,我国在应对气候变化、维护全球生态安全等进程中,正努力展现出发展中大国的责任担当。2016 年 11 月,在巴黎气候变化大会上通过的《巴黎协定》正式生效,我国确定了到 2030 年的国家自主贡献目标:CO_2 排放在 2030 年左右达到峰值并争取尽早达峰;单位国内生产总值 CO_2 排放比 2005 年下降 60%～65%;非化石能源占一次能源消费比重提升至 20%左右;森林蓄积量比 2005 年增加 45 亿立方米左右。

全方位运用金融手段,建立金融支持体系,在环境保护中发挥投融资和风险管理功能,将成为实现绿色低碳发展的有力手段。长期以来,在环境保护研究和实践中,既要强调末端技术解决方案,也要奉行产业结构调整和经济与环境协调发展的理念。两者并行不悖,互为强化,实为环境治理与生态建设之要义。金融是现代经济血液,与实体经济融合共荣。只有在经济发展过程中,特别是投融资环节中充分考虑生态环境风险因素,才能更好地推动经济社会可持续发展。因此,未来环境与金融深度一体化,是我国迈向高质量、可持续发展的重要特征之一。

1

环境与金融的融合与创新发展，离不开对绿色金融的深度研究。为充分发挥市场在资源配置中的决定性作用，需研究如何建立以碳交易市场为代表的污染物排放交易市场，并借助金融市场寻求合理的污染物排放价格，促使企业以合理的成本节能减排；为鼓励企业参与可持续发展建设，需研究如何借助绿色信贷、绿色证券、环境责任险、绿色基金等创新型金融工具来提高企业的环保意愿和积极性；为形成生态环境目标导向的具有市场活力的解决方案，需研究如何建立城市、区域及国家层面的能源环境经济系统模型，规划低碳发展路径，核算不同技术水平下碳减排经济成本效益以及明确需要采取的经济、法律和行政手段。

本套丛书围绕绿色金融与低碳发展主题，以低碳发展与金融投资为切入点，内容兼具理论意义与实践价值。丛书不仅包括对绿色低碳发展投融资机制的综合性分析，也包括对环境金融相关建模和分析方法的探讨，更有聚焦重点城市（深圳市）和重点行业（交通运输行业）的碳减排潜力及路径的专题研究，对从事绿色低碳投融资工作相关人员具有重要的参考价值。

当前，全球地缘政治和世界经济格局持续演化，贸易摩擦加剧。中国未来的可持续发展，需要借助更多的自主创新来实现，包括技术研发创新、国内消费市场供给创新、对外贸易的全新改革开放以及学术领域和产业界的融合创新。绿色金融、低碳发展是一个主题融合的创新探索，在一定程度上也代表着未来可持续发展的方向，值得关注，更值得深入研究和持续实践。

潘家华

2019 年 6 月

丛 书 引 言

　　1979 年,我国改革开放的总设计师邓小平创造性地提出建立经济特区。从那时始,深圳一直在高速发展,如今已从一个落后的边陲小镇一跃成为一座美丽的现代化城市。深圳市综合实力已位居国内大城市前列。2017 年深圳市国内生产总值(GDP)达到 22 438 亿元,在中国城市中排名第三,仅列上海、北京之后;城市单位面积 GDP、人均 GDP 更是长期位居中国 600 多个城市之首。更值得骄傲的是,近年来,深圳市高度重视生态文明建设,低碳经济发展已走在全国前列,在多项经济指标持续上行的同时,实现了资源消耗没有同步增长、环境质量不断得到改善的目标。深圳市获得联合国工业发展组织发起的 2018 年度全球绿色低碳领域先锋城市蓝天奖。

　　回顾过去的骄人成绩,深圳有很多经验值得总结。深圳通过建立优胜劣汰、公平竞争的市场机制,通过旨在提供高质量服务的政府体制创新,为深圳市高科技产业快速崛起、经济持续增长提供了制度保障。深圳市通过推动技术创新、市场创新,加大节能减排力度,淘汰落后污染企业和产能,促进　批战略性新兴产业迅速发展起来,构建起具有竞争力、绿色的现代产业体系。至今,深圳市产业结构调整优化取得显著成效,战略性新兴产业占 GDP 的比重已超过了 40%;服务业占比已超过 60%。深圳市通过推动建筑节能、绿色建筑与绿色建造、绿色建筑材料的推广与使用,大力推进公共建筑节能改造,在建筑节能方面取得明显成效;通过政策激励、市场创新、交通管理等手段,深圳的新能源汽车突破 8 万辆,使用量居全国城市前列,黄标车被全面限行;2018 年深圳实现了公交车、出租车百分之百纯电动化,绿色出行已蔚然成风。在城市绿色低碳制度保障方面,深圳市率先开展了低碳立法工作,启动了中国首个碳交易市场,目前已将 800 多家重点工业企业纳入碳交易体系,覆盖了公共交通、能源生产和制造业。深圳市率先在国际低碳城市开展近零排放区示范工程建设,新建建筑沿用传统岭南建筑中低成本通风、隔热、遮阳节能技术,采用适应深圳本地气候条件的平面形式及总体布局,充分利用太阳能和风能,实现了资源可再生利用。

一个城市的低碳发展需要政策、经济、科技等多方面要素的支撑，因此，对深圳市低碳发展的亮丽成绩也应该予以全方位系统解读。由于组织写作时间较为仓促，本人学科覆盖面不敷，丛书目前仅对深圳市低碳发展路径、新能源汽车推广利用创新模式、绿色金融等进行了梳理，尚未做到对深圳市低碳发展经验全面、系统的总结。鉴于此，本套丛书作者在希望丛书能对深圳市和全国低碳发展工作提供借鉴参考的同时，更期盼专家学者们能进一步分析、研究，以使对深圳市低碳发展经验的总结更深入、系统、全面，对中国低碳发展做出更大贡献。

北京大学深圳研究生院环境与能源学院是中国最早（2010年）设立环境金融专业、最早招收环境金融研究生的单位。在设立专业、招生伊始就将绿色金融和低碳发展作为重要研究领域。经过近十年的耕耘，也取得了一些成绩。本套丛书纳入了学院在绿色投资、绿色投入产出等方面的研究项目，希望能对相关研究、政策制定、研究生教学等提供参考。

本套丛书写作过程中得到了包括编委会成员在内的很多领导、专家的大力支持与专业指导，在此表示真诚感谢。环境金融方向的博士、硕士研究生田聿申、熊思琴、胡广晓、周雅宁、张启航、金竹欣、白波、汤骅、邹姊鉴、胡庆辉、黄蕾、郭力瑕、杨博、孙魏、罗黎、姚佳、严俊杰、倪效龙等同学参与了资料收集、数据处理、模型分析等工作。对大家的辛勤努力和贡献，表示衷心感谢。

马晓明

2018 年 11 月 26 日于南国燕园

目　录

上篇——环境投入产出分析的原理

第一章　环境投入产出模型的原理与方法 …………………………（3）

　第一节　投入产出分析基本原理 …………………………………（3）

　第二节　环境投入产出模型 ………………………………………（12）

　第三节　单区域与多区域投入产出模型 …………………………（14）

中篇——环境投入产出分析的扩展

第二章　非竞争进口型碳排放投入产出模型 ……………………（19）

　第一节　模型结构 …………………………………………………（19）

　第二节　重要公式 …………………………………………………（22）

　第三节　可比价非竞争进口型投入产出表编制 …………………（23）

第三章　结构分解分析（SDA） …………………………………（25）

　第一节　碳排放增长驱动因素分析方法概述 ……………………（25）

　第二节　结构分解分析 ……………………………………………（28）

　第三节　各因素部门分解公式 ……………………………………（29）

　第四节　碳排放 SDA 应用中存在的不足 ………………………（34）

第四章　结构路径分析和分解方法 ………………………………（40）

　第一节　结构路径分析（SPA） …………………………………（40）

　第二节　结构路径分解（SPD） …………………………………（41）

下篇——环境投入产出分析的应用

第五章　分部门碳排放量估算方法 ……………………………（47）

第一节　碳排放活动识别 …………………………………………（47）

第二节　各类活动碳排放的估算方法 ……………………………（48）

第三节　数据来源 …………………………………………………（49）

第六章　基础模型应用案例 …………………………………………（59）

第一节　基于 EIO-LCA 模型的中国部门温室气体排放结构

研究 …………………………………………………………（59）

第二节　基于 EIO-LCA 模型的纯电动轿车温室气体减排

分析 …………………………………………………………（70）

第三节　基于 EIO-LCA 模型的燃料乙醇生命周期温室气体

排放研究 …………………………………………………（78）

第七章　扩展模型应用案例 …………………………………………（87）

第一节　中国温室气体排放增长的结构分解分析：

1992—2007 年 …………………………………………（87）

第二节　中国碳排放增长因素的部门结构分解分析：

2007—2012 年 …………………………………………（96）

第三节　基于结构路径分析的中国居民消费对碳排放的拉动

作用研究 …………………………………………………（106）

第四节　中国制造业碳排放路径结构分解 ……………………（117）

第五节　中国 2030 年碳排放增长情景分析 …………………（132）

参考文献 ………………………………………………………………（141）

附录 ……………………………………………………………………（165）

附录 A　竞争进口型和非竞争进口型投入产出模型的区别 ……（165）

附录 B　分部门直接碳排放估算结果 …………………………（166）

附录 C　SDA 计算程序 …………………………………………（179）

上篇——环境投入产出分析的原理

第一章
环境投入产出模型的
原理与方法

投入产出分析是一种能够清晰反映经济系统内部各个部门之间错综复杂关系的数量经济分析工具。随着方法的不断改进和完善，该工具已经在国民经济管理的众多领域中得到广泛应用。自 20 世纪 70 年代以来，随着资源环境问题日益突出，投入产出分析在环境领域的应用逐步增多。为了给后续章节奠定理论基础，本章首先介绍投入产出分析的基本原理，然后在此基础上引入环境投入产出模型，最后探讨环境投入产出分析中经常会涉及的单区域与多区域投入产出模型问题。

第一节　投入产出分析基本原理

一、投入产出分析的产生与发展

1. 投入产出分析的产生

（1）里昂惕夫创立投入产出分析

美国经济学家里昂惕夫（Wassily Leontief）于 1936 年前后提出了投入产出分析。为了研究美国的经济结构，里昂惕夫分别编制了美国 1919 年和 1929

年的投入产出表（里昂惕夫，1993），但是该研究最初并没有得到美国经济学界和美国政府的重视。1936年8月，他在美国《经济学与统计学评论》上发表了关于投入产出分析的第一篇论文"美国经济制度中的投入产出分析"。1941年，哈佛大学出版社出版了里昂惕夫编写的、系统论述投入产出分析原理和方法的专著——《美国经济结构：1919—1929》。1966年，里昂惕夫出版了专著《投入产出经济学》（里昂惕夫，2011）。1974年，瑞典皇家科学院宣布里昂惕夫获得1973年度诺贝尔经济学奖。

（2）投入产出分析的历史渊源和理论基础

投入产出分析技术作为一种科学思想和方法，它的产生有其独特的历史渊源和理论基础。主要包括以下两个方面：

一方面是受到20世纪20年代苏联编制国民经济平衡表的影响。"十月革命"后，苏联实行计划经济。为了便于政府用计划来指导经济发展，苏联中央统计局编制了1923—1924年国民经济平衡表。其中的两个重要思想对里昂惕夫的投入产出分析产生了重大影响。一是以棋盘式的方法研究经济系统各部门和产品间的生产、消耗的平衡关系；二是该平衡表的作者杜波维科夫提出"国民经济各部门之间存在着连锁联系"。里昂惕夫的投入产出分析吸收了这些思想，并体现在了后来的投入产出表中。

另一方面是瓦尔拉斯的一般均衡理论。1874年，法国经济学家瓦尔拉斯建立了一套被后人称为"瓦尔拉斯一般均衡"的理论。瓦尔拉斯认为所有商品和要素市场相互依存，并通过数学公式来阐述全部均衡价格实现的条件。里昂惕夫在著作中写道，投入产出分析的理论基础就是来自瓦尔拉斯和他的一般均衡理论。

（3）世界范围内投入产出分析的发展

里昂惕夫创立投入产出分析技术后，这种分析方法迅速传播到很多国家。西方国家和日本早在20世纪50年代初期就开始应用投入产出分析，紧接着很多发展中国家也着手编制投入产出表。

联合国于1968年建议将投入产出表作为各国国民经济核算体系的组成部分，肯定了它在国民经济核算体系中的重要地位，并分别于1966年、1973年、1981年出版和再版了《投入产出表与分析》（联合国统计局，1981）。从此之后，投入产出分析成为国际上公认的、科学的经济分析方法和常规核算手段。到1979年，世界上约有90多个国家编制了投入产出表，进入21世纪后，又增加了数十个应用投入产出表的国家。

（4）投入产出分析在中国的发展

投入产出分析在中国的发展历史始于20世纪五六十年代，属于最早被介绍到国内的一种经济数量分析方法。1959年，孙冶方访问苏联接触到了投入产出分析，回国后他开始大力倡导这种方法。1973年，中国编制了第一张投入产出表，它是包含了61种产品的实物型投入产出表。1982年，中国试编完成了第一张国民经济全部门投入产出表——1981年23部门价值型投入产出表。1986年，国务院决定正式编制全国1987年投入产出表，并决定以后每5年进行一次投入产出调查，编制投入产出基本表。除了国家级外，中国各地区都编制了本地区的投入产出表，甚至部分部门和企业也编制了本部门和本企业的投入产出表。投入产出分析在中国国民经济的预测、分析和计划制订等方面逐步发挥着越来越重要的作用。

2. 投入产出分析的定义

投入产出分析是研究经济系统中各部门在投入与产出方面平衡关系的一种经济数量分析方法（陈锡康和杨翠红，2011）。这里的"经济系统"指代十分广泛，可以大到整个国民经济，甚至是多个国家和地区，也可以小到一个地区、部门和企业。

所谓"投入"，是指各个部门或产品在其生产活动过程中的消耗，包括中间投入和最初投入两部分。中间投入指的是生产过程中对各部门产品的消耗；最初投入指的是生产过程中对初始要素等的消耗。例如，对于工业部门而言，最初投入即为资本、劳动等要素的投入，而其中间投入则是原材料、燃料等的投入。

所谓"产出"，对于生产系统来说即各个部门或产品的产出量的分配与使用，广义上是指系统进行某项活动过程的结果。例如，对于工业部门的产出量而言，其中一部分作为本部门的投入，一部分作为其他部门的投入，一部分用于消费，一部分作为资本用于投资，一部分用于出口。

一个经济系统的各个部分之间存在着错综复杂又相互依存的关系，也正是这些关系使得经济系统各部分成为不可分割的整体。通过正确运用投入产出分析，能够对这些关系进行详细的描述和分析，并进一步揭示其中包含的各种数量关系，使得人们更深入地了解经济系统并做出相关决策。

二、投入产出表

1. 投入产出表基本结构

投入产出表有多种类型，其中最基本的类型是静态价值型投入产出表。静态价值型投入产出表是以一个区域的国民经济为描述对象，反映某一时期社会经济各部门之间的投入产出关系。本节以表1-1所示的假想的某年某国三部门静态价值型投入产出表为例，介绍投入产出表的基本原理（陈锡康和杨翠红，2011）。

表 1-1　假想的某年某国三部门静态价值型投入产出表　单位：亿元

投入		产出								总产出
		中间需求				最终需求				
		部门1	部门2	部门3	合计	消费	资本形成	净出口	合计	
中间投入	部门1	200	200	0	400	450	100	0	600	1000
	部门2	200	800	300	1300	500	250	−50	700	2000
	部门3	0	200	100	300	400	300	0	700	1000
	合计	400	1200	400	2000	1350	650	0	2000	4000
最初投入	折旧	50	100	50	200					
	劳动报酬	400	350	300	1050					
	税利	50	150	100	300					
	营业盈余	100	200	150	450					
	合计	600	800	600	2000					
总投入		1000	2000	1000	4000					

该表水平方向上描述了各部门产品的使用情况，垂直方向描述了各部门生产过程中的消耗，即投入情况。

水平方向上，各部门产品按照其用途分为中间需求和最终需求两部分。表中每个部门所对应的每一行表示"产出"，即该部门产品的分配与使用。其中中间需求是指需要进行进一步加工的产品；最终需求是指已经最终加工完毕的产品。例如，第一行表示部门 1 的总产出为 1000 亿元。其中 400 亿元作为中间需求：被部门 1 自己使用 200 亿元，被部门 2 使用 200 亿元，被部门 3 使用 0 亿元；600 亿元作为最终需求：450 亿元用于消费，100 亿元用于资本形成，50 亿元用于净出口。

垂直方向上，各部门产品所需的投入分为中间投入和最初投入两部分。中间投入指的是各部门在生产活动中对原材料、服务等的消耗；最初投入也被称为增加值部分，由固定资产折旧、从业人员报酬等构成。例如第一列表示部门 1 的总投入为 1000 亿元。其中 400 亿元属于中间投入：由部门 1 提供 200 亿元，部门 2 提供 200 亿元，部门 3 提供 0 亿元；600 亿元属于最初投入：折旧 50 亿元，劳动报酬 400 亿元，税利 50 亿元，营业盈余 100 亿元。

2. 投入产出表的四个象限

投入产出表在水平和垂直方向上纵横交错，分为反映部门间不同投入产出关系的四个部分,一般称为四个象限。

第一象限由中间投入和中间需求的交叉部分组成,描述了国民经济各个部门之间的投入产出关系,故称为中间消耗关系矩阵或中间流量矩阵,是投入产出表最重要的一部分。

第二象限由中间投入和最终需求两部分交叉组成,是第一象限在水平方向的延伸,反映每个部门产品用于最终需求的情况。

第三象限由最初投入和中间需求两部分交叉组成,是第一象限在垂直方向的延伸,反映每个部门所"消耗"的最初投入的情况,被称为最终投入矩阵或者增加值矩阵。

第四象限由最初投入和最终需求两部分交叉组成,是第二象限在垂直方向延长部分和第三象限在水平方向延长部分交叉所得,称为再分配象限,主要反映转移支付。在编制投入产出表时,一般不收集这部分数据。

3. 投入产出表的分类

按照不同的分类标准,可以将投入产出表分为不同的类型。具体划分如下:

(1) 按照部门划分

经济系统可以按部门划分成为若干部分,也可以按产品划分成为若干部分。投入产出表可据此划分为两大类,分别是价值型投入产出表和实物型投入产出表。

① 价值型投入产出表即将经济系统按部门划分成若干部分。其具有以下特点:表中数据的计量单位是价值量单位;不管部门如何划分或者部门数量是多少,都会涵盖整个经济系统;各部门可以按列求和,得到总投入;应用价值较大。实际的价值型投入产出表对最终使用和最初投入还需要进行细分。在最终使用中,可以将消费分为农村居民消费、城镇居民消费和政府消费,将资本形成分为固定资本形成和存货增加,还包括出口和进口;在最初投入中,将税利分为生产税净额和营业盈余等。

② 实物型投入产出表是将经济系统按产品划分成若干部分的投入产出表。其具有以下特点:表中数据的计量单位是实物量单位;不管产品怎么划分,都不能涵盖整个经济系统;无法通过按列求和得到总投入;一般不编制第三象限;与价值型投入产出表相比,其应用范围有限。

(2) 按照经济系统划分

根据经济系统的不同,可以将投入产出表划分为以下几类:国家表、地区表、部门表、企业表和国家(地区)间表。除了国家(地区)间表以外,其他各种表的主要区别在于如何对部门和进出口进行划分。

（3）按照编制时间划分

按照编制时间划分，投入产出表可以分为描述表、延长表和计划表。所谓描述表，即描述已经发生的经济活动。所谓延长表，是指通过某些方法将已有的投入产出表延长至其后的某一年（该年的经济活动已经发生）而得到后一年的投入产出表。中间跳过了实际调查的阶段，更为省时省力。但如果通过某些方法将已有的投入产出表延长至其后的某一年，而该年的经济活动尚未发生，则被称为计划表。中国尚未编制过计划表。

（4）按照用途划分

按照用途划分，投入产出表可以分为普通表、专门表和投入占用产出表。普通表，即字面意思上的普通格式的投入产出表，但具有最广泛的应用价值。专门表是由于某种专门的目的而编制的投入产出表，这是投入产出分析中十分重要的应用方向。例如，为了研究教育与经济之间关系而编制的教育—经济投入产出表；为了研究环境与经济之间关系而编制的环境—经济投入产出表；为了研究水资源与经济之间关系而编制的水资源—经济投入产出表；等等。

投入占用产出表在本质上也可以被归入专门投入产出表的范畴，但是它的结构除了包含普通表的"投入"与"产出"部分，还引入了"占用"部分。"投入"是指生产过程中的消耗，而"占用"是指在生产中长期使用物品的拥有状况，如固定资产、劳动力及自然资源等。

三、投入产出模型

1. 几个平衡关系

将表 1-1 中的数字用符号表示，并将部门数量扩充到 n，见表 1-2。

表 1-2　某年某国 n 部门价值型投入产出表　　　　单位：亿元

投入		产出									
		中间需求				最终需求				总产出
		部门1	部门2	⋯	部门 n	合计	消费	资本形成	净出口	合计	
中间投入	部门1	x_{ij}				x_i	C_i	K_i	E_i	Y_i	X_i
	部门2										
	⋯										
	部门 n										
	合计										

投入		产出									总产出
		中间需求					最终需求				
		部门 1	部门 2	⋯	部门 n	合计	消费	资本形成	净出口	合计	
最初投入	折旧			D_j								
	劳动报酬			V_j								
	税利			M_j								
	营业盈余			S_j								
	合计			N_j								
总投入				X_j								

上述投入产出表中的数据存在以下平衡关系。

（1）经济系统的总产出等于总投入：

$$\sum_{i=1}^{n} X_i = \sum_{j=1}^{n} X_j \tag{1-1}$$

（2）每个部门的总产出等于总投入：

$$\sum_{j=1}^{n} x_{ij} + C_i + K_i + E_i = \sum_{i=1}^{n} x_{ij} + D_j + V_j + M_j + S_j, 当 i = j \tag{1-2}$$

（3）所有部门最终需求之和等于最初投入之和：

$$\sum_{i=1}^{n} Y_i = \sum_{j=1}^{n} N_j \tag{1-3}$$

2. 行向平衡关系

对于每一个部门，其产品的产出量都应该等于该部门产品的中间需求和最终需求的合计，都存在如下行向平衡关系：

中间需求＋最终需求＝总产出

由此可建立行向平衡方程：

$$\sum_{j=1}^{n} x_{ij} + Y_i = X_i, i = 1, 2, \cdots, n \tag{1-4}$$

可以写成：

$$\sum_{j=1}^{n} a_{ij} X_j + Y_i = X_i, i = 1, 2, \cdots, n \tag{1-5}$$

这也被称为分配方程组，它反映每个部门的总产出是如何分配与使用的。用矩阵表示该方程组，有

$$AX + Y = X \tag{1-6}$$

其中，

$$A = \begin{bmatrix} a_{11} & a_{12} & \cdots & a_{1n} \\ a_{21} & a_{22} & \cdots & a_{2n} \\ \vdots & \vdots & \cdots & \vdots \\ a_{n1} & a_{n2} & \cdots & a_{nn} \end{bmatrix} \quad Y = \begin{bmatrix} Y_1 \\ Y_2 \\ \vdots \\ Y_n \end{bmatrix} \quad X = \begin{bmatrix} X_1 \\ X_2 \\ \vdots \\ X_n \end{bmatrix} \tag{1-7}$$

分别为直接消耗系数矩阵、最终需求量矩阵和总产出量矩阵。

3. 按行建立的经济数学模型

由式(1-6)可得按行建立的投入产出基本经济数学模型：

$$X = (I - A)^{-1} Y \tag{1-8}$$

其中，I 为单位矩阵。该模型揭示了最终需求量和总产出量之间的关系。通过这一模型，就可以在知道最终需求量的情况下，求出既满足最终需求、又保证经济系统各部分之间综合平衡的总产出量。在投入产出分析出现以前，还没有能够准确揭示最终需求量和总产出量之间关系的方法，这为经济预测、经济计划和结构分析等带来极大的困难。所以这一模型虽然简单，但具有很大的应用价值。

最终需求量和总产出量之间的关系，实际上也就是完全消耗关系。将式(1-8)中的系数矩阵$(I-A)^{-1}$与完全消耗系数矩阵 $B = (I-A)^{-1} - I$ 比较，二者仅相差 1 个单位矩阵。所以系数矩阵$(I-A)^{-1}$也可以称为完全需要系数矩阵、完全产出系数矩阵或里昂惕夫逆矩阵。

4. 列向平衡关系

对于每一个部门，其产品的总投入量都应该等于该部门产品的中间投入和最终投入的总和，都存在如下列向平衡关系：

中间投入＋最终投入＝总投入

由此可建立列向平衡方程：

$$\sum_{i=1}^{n} x_{ij} + N_i = X_j, i = 1, 2, \cdots, n \tag{1-9}$$

可以写成：

$$\sum_{i=1}^{n} a_{ij} X_j + N_i = X_j, i = 1, 2, \cdots, n \tag{1-10}$$

这也被称为生产方程组，它反映每个部门的总产出是如何形成的。用矩阵表示该方程组，有

$$A_c X + N = X \tag{1-11}$$

其中，

$$A_c = \begin{bmatrix} \sum_{i=1}^{n} a_{i1} & 0 & \cdots & 0 \\ 0 & \sum_{i=1}^{n} a_{i2} & \cdots & 0 \\ \vdots & \vdots & \ddots & \vdots \\ 0 & 0 & \cdots & \sum_{i=1}^{n} a_{in} \end{bmatrix} \quad N = \begin{bmatrix} N_1 \\ N_2 \\ \vdots \\ N_n \end{bmatrix} \quad (1\text{-}12)$$

5. 按列建立的经济数学模型

由式(1-11)可得按列建立的投入产出基本经济数学模型:

$$X = (I - A_c)^{-1} N \quad (1\text{-}13)$$

该模型揭示了最初投入量和总产出量(总投入量)之间的关系。在使用中,一般利用该模型在已经知道总产出量的情况下,计算最初投入量。这里的最初投入量即各部门的增加值,其和就是国内生产总值。该模型同样具有很大的应用价值。

6. 直接消耗系数和完全消耗系数

如前所述,投入产出表可以清晰地描述经济系统以及系统内部各部分之间的关系,模拟实际经济系统(刘起运等,2006)。特别地,可以从表中求得若干关于系统内部关系的系数,利用这些系数能够建立各种经济数学模型。其中最重要的系数是直接消耗系数和完全消耗系数。

(1)直接消耗系数

直接消耗包括在生产经营过程中直接的生产消耗、直接用于管理的消耗、直接用于劳动保护的消耗和直接用于中小修理的消耗等。直接消耗系数是投入产出模型中最重要的基本概念,其经济意义是某部门生产单位产品对相关部门的直接消耗。

第 j 个部门(或第 j 种产品)的 1 个单位产出量所直接消耗的第 i 个部门(或第 i 种产品)产出量的数量,即第 j 部门(或第 j 种产品)对第 i 部门(或第 i 种产品)的直接消耗系数,用 a_{ij} 表示:

$$a_{ij} = \frac{x_{ij}}{X_j} \quad (1\text{-}14)$$

将直接消耗系数按照投入产出表中部门(或产品)的顺序排列成矩阵,用 A 表示,为 n 阶方阵:

$$A = \begin{bmatrix} a_{11} & a_{12} & \cdots & a_{1n} \\ a_{21} & a_{22} & \cdots & a_{2n} \\ \vdots & \vdots & \ddots & \vdots \\ a_{n1} & a_{n2} & \cdots & a_{nn} \end{bmatrix} \quad (1\text{-}15)$$

（2）完全消耗系数

完全消耗系数能够揭示部门间（或产品间）的完全消耗关系，是投入产出分析所特有的功能，也是投入产出分析之所以具有广泛应用价值的原因所在。完全消耗指的是直接消耗和各间接消耗的加和，即：完全消耗＝直接消耗＋一次间接消耗＋二次间接消耗＋三次间接消耗＋……

第 j 个部门（或第 j 种产品）的 1 个单位最终使用的产出量所完全消耗的第 i 个部门（或第 i 种产品）产出量的数量，则称为第 j 部门（或第 j 种产品）对第 i 部门（或第 i 种产品）的完全消耗系数，用 b_{ij} 表示。其计算公式为

$$B = (I - A)^{-1} - I \tag{1-16}$$

上述定义也说明了完全消耗系数和直接消耗系数之间的区别。完全消耗系数是相对于 1 个单位最终使用的产出量而言的，而直接消耗系数是相对于 1 个单位的总产出量而言的。将完全消耗系数按照投入产出表中部门（或产品）的顺序排列而成的矩阵，用 B 表示，为 n 阶方阵：

$$B = \begin{bmatrix} b_{11} & b_{12} & \cdots & b_{1n} \\ b_{21} & b_{22} & \cdots & b_{2n} \\ \vdots & \vdots & \ddots & \vdots \\ b_{n1} & b_{n2} & \cdots & b_{nn} \end{bmatrix} \tag{1-17}$$

第二节 环境投入产出模型

一、环境投入产出模型概述

环境投入产出模型（Environmentally Extended Input-Output，EE-IO）的基本思路是在经济投入产出模型中引入各经济部门的直接排污系数，从而反映最终需求以及投入产出结构对某地区污染物排放量的影响（Leontief，1970）。具体的 EEIO 模型见公式（1-18）：

$$c = FX = F(I - A)^{-1}Y \tag{1-18}$$

$$F_i = \frac{d_i}{x_i} \tag{1-19}$$

其中，c 为经济部门产生的污染物排放总量；F 为污染物排放强度向量（$1 \times n$），其元素通过公式（1-19）计算，n 表示该地区的经济部门数量；X 为总产出向量（$n \times 1$）；I 为单位矩阵（$n \times n$）；A 为直接消耗系数矩阵（$n \times n$）；$(I - A)^{-1}$ 为里昂惕夫逆矩阵；Y 为最终需求向量（$n \times 1$）；d_i 为部

门 i 的污染物直接排放量；x_i 为部门 i 的总产出；F_i 为部门 i 的污染物排放强度。

二、EIO-LCA 模型

1. 经济投入产出生命周期评价

经济投入产出生命周期评价（EIO-LCA）方法由美国卡内基-梅隆大学（Carnegie Mellon University）的 Hendrickson 等（Hendrickson et al.，1998）提出，用于分析产品或服务生产链中的环境影响。目前已有学者利用该方法分析了美国和加拿大的环境问题（Bjorn et al.，2005；Hendrickson et al.，2006；Blackhurst et al.，2010）以及温室气体排放问题（Norman et al.，2007）。

EIO-LCA 与传统的环境投入产出法类似，但拥有不同的排放系数矩阵。在传统的环境投入产出法中，某种污染物的排放系数是一个行向量（Leontief，1970），而在 EIO-LCA 中，这个系数是一个对角矩阵（Hendrickson et al.，1998；Hendrickson et al.，2006），这一变化可将最终需求引起的环境影响分解到生产链的各个部门。

EIO-LCA 的基本假设为：① 国民经济各部门投入与产出之间成正比例关系；② 所有用于生产产品和提供服务的设备均可归入某个特定的部门；③ 计算结果表示对应于部门最终需求的产品生产和服务提供过程中产生的环境影响（Hendrickson et al.，2006；Green Design Institute，2008）。

EIO-LCA 方法主要存在三方面不足。首先，该方法仅反映某一部门污染物排放的平均水平，并不能体现部门内不同技术和效率的差异。其次，该方法仅反映某一特定年份的生产和需求对污染物排放的影响，不能体现生产和需求对污染物排放的跨年度影响，同时也忽略了污染物的多年累积影响。再次，该方法不能反映产品最终使用和废弃处理阶段的污染物排放情况，需要另外计算。关于 EIO-LCA 方法的优缺点及适用范围的详细讨论见文献（Hendrickson et al.，2006）。

EIO-LCA 的计算方法见式（1-20）、式（1-21）及式（1-22）。基本的投入产出模型可表示为（Leontief，1986）

$$X = (I + AA + AAA + \cdots)Y = (I - A)^{-1}Y \qquad (1\text{-}20)$$

生产链中各部门的污染物排放量可通过式（1-21）计算（Hendrickson et al.，2006）：

$$c = \hat{F}X \qquad (1\text{-}21)$$

其中，列向量 c 表示为了满足最终需求 Y，各部门在生产中排放的污染物量；$\hat{F}$ 是对角矩阵，对角元素为各部门单位货币产出所直接排放的污染物量（Hendrickson et al.，1998），元素值通过式（1-19）计算。

2. 部门污染物排放矩阵

将 EIO-LCA 中的列向量 Y 改为对角矩阵，通过这一变化可将某一部门的污染物直接排放量分解，同各个部门的最终需求建立联系。利用式（1-20）及式（1-21）构建部门温室气体排放矩阵 C：

$$C = \hat{F}\,(I - A)^{-1}\hat{Y} \qquad (1\text{-}22)$$

其中，$\hat{Y}$ 为投入产出表中最终需求列的对角矩阵。定义 c_{ij} 为 C 的元素（i 为产品生产或服务提供部门的序号，j 为产品或服务使用部门的序号），c_i 为 C 第 i 行的行向量，c_j 为 C 第 j 列的列向量，列向量 c_{direct} 由 C 各行行元素之和组成，行向量 c_{embodied} 由 C 各列列元素之和组成。c_i 与 c_j 是传统的环境投入产出法（Leontief，1970；Miller and Blair，2009）难以体现的。

通过 c_{direct} 可以从生产视角分析污染物排放在部门间的分布结构，而通过 c_i 可以分析部门 i 在产品生产或服务提供过程中产生的污染物排放与其他部门最终需求的关系。c_i 各元素之和表示部门 i 在生产中直接排放的温室气体总量，对应于 c_{direct} 的第 i 行元素。

通过 c_{embodied} 可以从最终需求视角分析污染物排放在部门间的分布结构，而通过 c_j 可以分析部门 j 的最终需求与各部门污染物排放的关系。c_j 各元素之和表示部门 j 的最终需求引起的隐含污染物排放总量，对应于 c_{embodied} 的第 j 列元素。

第三节　单区域与多区域投入产出模型

投入产出模型可以分为单区域投入产出模型和多区域投入产出模型，其关键区别在于采用的系统边界、技术假设和模型的复杂性不同。单区域投入产出（Single-Regional Input-Output，SRIO）模型是最早应用的模型，通常用于评估某个国家或区域由最终需求所导致的污染物排放及其他环境影响。SRIO 简化了传统投入产出模型所需的数据及其计算过程，假定进口产品和服务的技术水平与国内生产技术水平相同。多区域投入产出（Multi-Regional Input-Output，MRIO）模型起源于跨区域投入产出（Inter-Regional Input-Output，IRIO）模型，考虑了不同国家的经济和技术结构，如进口产品在进口国生产时的污染物排放系数等。不过，其在数据获取、模型构建、部门聚集等方面依然面临较大的挑战。

一、单区域最终需求碳排放

利用单区域环境投入产出模型可以研究某一区域的最终需求以及各部门的投入产出关系对当地污染物排放的影响。常用的单区域 EEIO 模型由里昂惕夫提出（Leontief，1970）。该模型的基本思路是在经济投入产出模型中引入各经济部门的直接排污系数，从而反映居民消费、政府消费、资本形成和出口贸易等最终需求以及各部门的投入产出结构对某地区污染物排放量的影响。另外，为分析某一最终产品或服务在生产链各环节中的污染物排放，也有学者采用 Lave et al.（1995）及 Hendrickson et al.（1998）的 EIO-LCA 模型。

Gay 和 Proops（1993）首次将 EEIO 用于碳排放研究，探讨了 1984 年英国碳排放与最终需求的关系。此后，国内外学者对中国（Weber et al.，2008；陈红敏，2009a；Chen and Zhang，2010；孙建卫等，2010）、美国（Matthews et al.，2008）、加拿大（Bjorn et al.，2005）、澳大利亚（Lenzen，1998）、新西兰（Andrew and Forgie，2008）、印度（Parikh et al.，2009）及西班牙（Alcántara and Padilla，2009）等国的最终需求碳排放进行了大量研究。

二、多区域贸易隐含碳排放

随着全球化和气候谈判的推进，国际贸易的隐含碳排放问题日益受到重视。早期研究多采用单区域 EEIO 进行粗略分析，但随着投入产出数据的丰富，近几年国外学者开始采用 MRIO 模型进行分析。MRIO 由 Chenery（1953）及 Moses（1955）在跨区域投入产出（IRIO）模型（Isard，1951）的基础上简化而来。与 IRIO 相比，MRIO 的数据相对易于获取，因此该方法的使用更为广泛。

根据是否考虑贸易反馈，贸易隐含碳排放研究可分为两类（Lenzen et al.，2004）。第一类假定进口产品仅用于国内生产和消费，不会再次出口。进口产品按实际来源地的生产技术和碳排放系数计算。随着数据的日益完善，这类研究逐渐增多，如 Peters 和 Hertwich（2008）。由于中国统计部门尚未编制国际多区域投入产出表，因此这方面的研究不多，仅有周新（2010）利用 2000 年亚洲国际投入产出表对包含中国在内的亚太十国的贸易隐含碳排放进行了初步研究。第二类考虑进口产品的再次出口，即考虑了贸易反馈。Lenzen et al.（2004）首次定量计算了贸易反馈对各地区碳排放的影响。不过，此类研究对数据的要求较高。

三、模型选择

应根据研究对象的特点选择适当的投入产出模型。多区域模型适合分析进口贸易中实际隐含的碳排放，而单区域模型适合分析某地区内部产生的碳排放。例如，如果研究对象是产生在中国国内的碳排放，而非进口贸易中实际隐含的碳排放，就可采用单区域模型进行研究。

中篇——环境投入产出分析的扩展

第二章
非竞争进口型碳排放
投入产出模型

本章建立中国碳排放投入产出的理论模型,为进行后续分析奠定基础。首先,构建非竞争进口型碳排放投入产出理论模型。该模型区分国内产品和进口产品的使用,包括各类化石燃料燃烧的碳排放和工业生产过程的碳排放。其次,编制中国可比价投入产出表,并将其调整为非竞争进口型表。

第一节　模　型　结　构

本书建立的非竞争进口型碳排放投入产出模型见表 2-1,变量说明见表 2-2。本模型由传统的竞争进口型环境投入产出模型(Leontief,1970)扩展而来。对相关研究中的竞争型模型做了两处改变:一是将中间投入分为国内产品和进口产品两行;二是增加工业生产过程碳排放并保留各部门的燃料消耗结构。前一改变可避免使用"国内外产品生产技术相同"的假设,从而更准确地体现最终需求和中间需求引起的国内碳排放。后一改变使碳排放数据更为完整,并可分析燃料消耗结构变化对碳排放的影响。

本模型存在三个平衡关系:一是国内产品的行向

平衡,见式(2-1);二是进口产品的行向平衡,见式(2-2);三是各部门总投入的列向平衡,见式(2-3)。

$$A_d X + Y_d \alpha = X \qquad (2\text{-}1)$$

$$A_{im} X + Y_{im} \alpha = W \qquad (2\text{-}2)$$

$$X^{\mathrm{T}} A_d + X^{\mathrm{T}} A_{im} + A_v X = X \qquad (2\text{-}3)$$

其中,α 是元素均为 1 的 $m \times 1$ 加和向量,其他变量的说明见表 2-2。

表 2-1 中国碳排放投入产出模型结构

		中间需求	最终需求	总进口	总产出
		$1, 2, \cdots, n$	$1, 2, \cdots, m$		
国内产品 中间投入	1 2 … n	$A_d \hat{X}$	Y_d		X
进口产品 中间投入	1 2 … n	$A_{im} \hat{X}$	Y_{im}	W	
最初投入		$A_v \hat{X}$			
总投入		X^{T}			
化石燃料 消耗碳排放	1 2 … s	$B_{\mathrm{ind, fuel}} = F_{\mathrm{ind}} \hat{X}$ $= [C_{\mathrm{ind}} \circ (E_{\mathrm{ind}} \hat{Q}_{\mathrm{ind}})] \hat{X}$	$B_{\mathrm{res, fuel}} = F_{\mathrm{res}} Y_{\mathrm{res}}$ $= [C_{\mathrm{res}} \circ (E_{\mathrm{res}} Q_{\mathrm{res}})] Y_{\mathrm{res}}$		
工业生产过程碳排放		$B_{\mathrm{process}} = U \hat{X}$			
各部门碳排放总量		$B_{\mathrm{ind}} = R_{\mathrm{ind}} \hat{X}$	$B_{\mathrm{res}} = R_{\mathrm{res}} \hat{Y}_{\mathrm{res}}$		

注：s 为化石燃料的类型数；n 为投入产出表中的部门数；m 为最终需求的类型数；上标 T 表示转置矩阵；"^"表示将向量对角化为矩阵；运算符"∘"称为阿达马乘积或分素乘积(entrywise product),是两个相同维度的矩阵对应元素相乘。

表 2-2 变量说明

符号	维度	名 称	说 明
X	$n \times 1$	总产出向量	第 i 个元素表示部门 i 的总产出
A_d	$n \times n$	国内产品直接消耗系数矩阵	矩阵的第 j 列表示部门 j 生产一单位产品对国内各部门产品的直接消耗量
A_{im}	$n \times n$	进口产品直接消耗系数矩阵	矩阵的第 j 列表示部门 j 生产一单位产品对各类进口产品的直接消耗量
A_v	$1 \times n$	增加值率向量	第 j 个元素表示部门 j 单位产出所获得的增加值

符号	维度	名　称	说　明
Y_d	$n\times m$	国内产品最终需求矩阵	矩阵的第 d 列表示最终需求类型 d 对国内各部门产品的需求量
Y_{im}	$n\times m$	进口产品最终需求矩阵	矩阵的第 d 列表示最终需求类型 d 对各类进口产品的需求量
Y_{res}	$1\times m$	各类最终需求总量向量	第 d 个元素表示居民 d 对各部门产品的需求总量,有 $Y_{\mathrm{res}}=\gamma^T Y_d+\gamma^T Y_{\mathrm{im}}$
W	$n\times 1$	进口向量	第 i 个元素表示产品 i 的进口量
F_{ind}	$s\times n$	各燃料单位产值直接碳排放矩阵	元素 $f_{\mathrm{ind},kj}$ 表示部门 j 生产一单位产品时因消耗化石燃料 k 而直接排放的 CO_2
F_{res}	$s\times m$	各燃料单位最终需求直接碳排放矩阵	元素 $f_{\mathrm{res},kd}$ 表示产生一单位最终需求 d 时因消耗化石燃料 k 而直接排放的 CO_2
E_{ind}	$s\times n$	各生产部门直接燃料消耗结构矩阵	矩阵的第 j 列表示部门 j 生产一单位产品时直接消耗的化石燃料的结构,有 $\sum\limits_{k=1}^{s}e_{\mathrm{ind},kj}=1$
E_{res}	$s\times m$	各类最终需求直接燃料消耗结构矩阵	矩阵的第 d 列表示产生一单位最终需求 d 时直接消耗的化石燃料的结构,有 $\sum\limits_{k=1}^{s}e_{\mathrm{res},kd}=1$
Q_{ind}	$1\times n$	各生产部门单位产值直接能耗向量	第 j 个元素表示部门 j 生产一单位产品时直接消耗的化石燃料总量
Q_{res}	$1\times m$	单位最终需求直接能耗向量	第 d 个元素表示产生一单位最终需求 d 时直接消耗的化石燃料总量
C_{ind}	$s\times n$	各生产部门燃料的碳排放系数矩阵	元素 $c_{\mathrm{ind},kj}$ 表示生产部门 j 所用化石燃料 k 的 CO_2 排放系数
C_{res}	$s\times m$	各类最终需求燃料的碳排放系数矩阵	元素 $c_{\mathrm{res},kd}$ 表示最终需求 d 所用化石燃料 k 的 CO_2 排放系数
U	$1\times n$	各部门工业生产过程的单位产值直接碳排放向量	第 j 个元素表示部门 j 生产一单位产品时从工业生产过程中直接排放的 CO_2
R_{ind}	$1\times n$	各生产部门单位产值直接碳排放向量	第 j 个元素表示部门 j 生产一单位产品时直接排放的 CO_2 总量,有 $R_{\mathrm{ind}}=\beta F_{\mathrm{ind}}+U$
R_{res}	$1\times m$	单位最终需求直接碳排放向量	第 d 个元素表示产生一单位最终需求 d 时直接排放的 CO_2 总量,有 $R_{\mathrm{res}}=\beta F_{\mathrm{res}}$
$B_{\mathrm{ind,fuel}}$	$s\times n$	各生产部门燃料碳排放矩阵	元素 $b_{\mathrm{ind,fuel},kj}$ 表示生产部门 j 所用化石燃料 k 的直接碳排放

21

符号	维度	名　称	说　明
$B_{\text{res,fuel}}$	$s \times m$	各类最终需求燃料碳排放矩阵	元素 $b_{\text{res,fuel},\,kd}$ 表示最终需求 d 所用化石燃料 k 的直接碳排放
B_{process}	$1 \times n$	各部门工业生产过程直接碳排放向量	第 j 个元素表示部门 j 在工业生产过程中直接排放的 CO_2
B_{ind}	$1 \times n$	生产性碳排放向量	第 j 个元素表示生产部门 j 直接排放的 CO_2
B_{res}	$1 \times m$	消费性碳排放向量	第 d 个元素表示最终需求 d 直接排放的 CO_2
b_{ind}	1×1	生产性碳排放总量	$b_{\text{ind}} = B_{\text{ind}} \gamma$
b_{res}	1×1	消费性碳排放总量	$b_{\text{res}} = B_{\text{res}} \alpha$
b	1×1	碳排放总量	全年碳排放总量，包括生产性碳排放和消费性碳排放，有 $b = b_{\text{ind}} + b_{\text{res}}$
b_{gdp}	1×1	单位国内生产总值碳排放	为获得一单位国内生产总值所排放的 CO_2

注：s 为化石燃料的类型数；n 为投入产出表中的部门数；m 为最终需求的类型数。$i=1,2,$ $\cdots,n$；$j=1,2,\cdots,n$；$d=1,2,\cdots,m$；$k=1,2,\cdots,s$。上标 T 表示转置矩阵，α 是元素均为 1 的 $m \times 1$ 加和向量，β 是元素均为 1 的 $1 \times s$ 加和向量，γ 是元素均为 1 的 $n \times 1$ 加和向量。

第二节　重要公式

由式(2-1)可求得总产出向量 X 的计算公式(2-4)，其中 $(I-A_d)^{-1}$ 为里昂惕夫逆矩阵，它反映的是为了获得单位最终产品各部门所需生产的产品总量。

$$X = (I - A_d)^{-1} Y_d \alpha \tag{2-4}$$

国内生产总值 v 通过式(2-5)计算：

$$v = A_v X = A_v \, (I - A_d)^{-1} Y_d \alpha \tag{2-5}$$

生产性碳排放总量 b_{ind} 通过式(2-6)计算：

$$b_{\text{ind}} = B_{\text{ind}} \gamma = R_{\text{ind}} X = (\beta F_{\text{ind}} + U)(I - A_d)^{-1} Y_d \alpha \tag{2-6}$$

消费性碳排放总量 b_{res} 通过式(2-7)计算：

$$b_{\text{res}} = B_{\text{res}} \alpha = R_{\text{res}} Y_{\text{res}}^T = \beta F_{\text{res}} Y_{\text{res}}^T \tag{2-7}$$

单位国内生产总值碳排放 b_{gdp} 通过式(2-8)计算：

$$b_{\text{gdp}} = \frac{b}{v} = \frac{b_{\text{ind}} + b_{\text{res}}}{v} = \frac{(\beta F_{\text{ind}} + U)(I - A_d)^{-1} Y_d \alpha + \beta F_{\text{res}} Y_{\text{res}}^T}{A_v \, (I - A_d)^{-1} Y_d \alpha} \tag{2-8}$$

上述各式中，Y_d、Y_{res}、R_{ind}、R_{res}、F_{ind}、F_{res} 及 U 为外生变量。

第三节　可比价非竞争进口型投入产出表编制

一、可比价投入产出表编制

为使不同年份的投入产出表具有可比性,须将当年价表调整为可比价表。1992 年、1997 年及 2002 年的可比价投入产出表引自刘起运和彭志龙(2010)。根据刘起运和彭志龙(2010)价格指数缩减法,在《2007 年中国投入产出表》(135 产品部门)(国家统计局国民经济核算司,2009)和《2012 年中国投入产出表》(139 产品部门)(国家统计局国民经济核算司,2015)的基础上编制 2007 年及 2012 年可比价投入产出表。主要分为构建各产品价格指数和构建可比价投入产出表两个步骤(刘起运和彭志龙,2010)。

第一,确定价格指数序列表。首先需要确定价格基年,即以基年的价格来衡量 2007 年和 2012 年投入产出表中商品和服务的价格,以此消除价格因素的影响,来反映真实的经济发展情况。因为 1992 年、1997 年及 2002 年可比价投入产出表的基年为 2000 年(刘起运和彭志龙,2010),故将价格基年定为 2000 年。

在理想情况下,每个部门的总产出、中间需求和最终需求都应对应不同的价格指数。不过,由于国内编制的价格指数的局限性,产品部门采用统一的价格指数。各部门的价格指数来自历年《中国统计年鉴》及《工业统计年报》。其中工业产品部门价格指数无法从现有价格指数中直接获得,需要重新编制。令现价工业产出矩阵为 $V(n$ 阶方阵$)$,v_{ij} 为矩阵 V 中的元素;可比价工业产出矩阵为 T,t_{ij} 为矩阵 T 中的元素;工业行业价格指数行向量为 I_j,可通过《工业统计年报》中各年度工业行业小类的现价、不变价工业总产值和工业品出厂价格指数等进行计算。工业产品部门价格指数 IP_i 可通过式(2-9)进行计算。

$$t_{ij} = \frac{v_{ij}}{I_j}, IP_i = \frac{V_i}{T_i} \tag{2-9}$$

其中,$V_i = \sum_{j=1}^{n} v_{ij}$;$T_i = \sum_{j=1}^{n} t_{ij}$;$i = 1, 2, \cdots, n$。

第二,利用价格指数对现价投入产出表进行缩减编制。通过式(2-10)计算第一象限、第二象限和总产出的可比价数据 P:

$$P = \frac{CP}{PI} \tag{2-10}$$

其中，P 是可比价格数据；CP 为当前价格数据；PI 是价格指数。

二、非竞争进口型投入产出表编制

国家统计局编制的投入产出表均为竞争进口型表，即中间使用和最终使用同时包括国内产品和进口产品。现有文献通常假设进口产品的碳排放强度与中国国内产品的相同，导致最终需求引起的碳排放计算结果偏大（Su and Ang，2013）。为避免上述问题，本书借鉴参考文献 Weber et al.（2008）中的方法构建非竞争进口型投入产出表。假设各部门中间需求和最终需求（不含出口）中进口产品的比例与相应部门的平均进口比例相同，按比例将进口从各部门的需求中减去。具体调整方法为：首先通过式（2-11）计算各部门的进口比重，其次构建进口使用矩阵式（2-12）和式（2-13），最后通过式（2-14）和式（2-15）从各部门产品的中间使用和最终使用中减去进口使用量。

$$\eta_i = \frac{w_i}{x_i + w_i - y_{\mathrm{ex},i}} \tag{2-11}$$

$$A_{\mathrm{im}} = \hat{\eta} A \tag{2-12}$$

$$Y_{\mathrm{im}} = \hat{\eta} Y \tag{2-13}$$

$$A_d = A - A_{\mathrm{im}} \tag{2-14}$$

$$Y_d = Y - Y_{\mathrm{im}} \tag{2-15}$$

其中，η_i 为部门 i 的进口产品占该部门国内总使用量（中间使用和最终使用，不含出口）的比重，w_i 为部门 i 的进口量，x_i 为部门 i 的总产出，$y_{\mathrm{ex},i}$ 为部门 i 的出口量，$\hat{\eta}$ 为 $n \times 1$ 向量 η 的对角矩阵，A_{im} 为进口产品直接消耗系数矩阵，A_d 为国内产品直接消耗系数矩阵，A 为竞争型表的直接消耗系数矩阵，Y_{im} 为进口产品最终需求矩阵，Y_d 为国内产品最终需求矩阵，Y 为竞争型表的最终需求矩阵。

第三章
结构分解分析 (SDA)

第一节 碳排放增长驱动因素分析方法概述

一、因素分解分析法

因素分解分析法(IDA)是一种分析一定驱动因素对某一指标(如碳排放)直接影响的方法,一般基于IPAT 公式[①]或其衍生公式进行分解,如式(3-1)(Ang, 2005)。该方法在 20 世纪 70 年代石油危机后由能源学研究者提出,后经 Ang 等人的推动(Ang, 2004; Ang et al. ,2009; Ang et al. ,2010),目前已形成较为完善的方法体系。总体上,IDA 的分解方法可以分为Laspeyres 和 Divisia 两大类,每类方法都有加法和乘法两种分解形式[②](Ang, 2004)。从式(3-1)可以看出,使用 IDA 时仅需各部门常规的统计数据,易于应用。几乎各地区、各年份区间都可以使用该方法。不过,

---

① IPAT 公式由 Ehrlich and Holdren (1971)提出,其一般形式为

$$Impact = Population \times Affluence \times Technology$$

其中,Impact 为待研究的环境影响(如碳排放),Population 为总人口,Affluence 为经济发展水平(一般用人均 GDP 表示),Technology 为技术发展水平(如单位 GDP 碳排放量)。

② 常用的分解方法有(Ang, 2004):LMDI-I(加法和乘法形式),Shapley/Sun 法(加法形式)以及 Fisher 理想指数法(乘法形式)。

IDA 只能分析各驱动因素对研究指标的直接影响，不能反映因生产部门间的联动关系以及最终需求对生产部门的带动作用而引发的间接影响（Hoekstra and van den Bergh，2003）。

$$F = \sum_{ij} F_{ij} = \sum_{ij} Q \frac{Q_i}{Q} \frac{E_i}{Q_i} \frac{E_{ij}}{E_i} \frac{F_{ij}}{E_{ij}} = \sum_{ij} Q S_i I_i M_{ij} U_{ij} \qquad (3-1)$$

其中，F 为生产部门碳排放总量[①]；F_{ij} 为部门 i 燃料 j 的直接碳排放量；Q 为总产值；Q_i 为部门 i 的总产值；E_i 为部门 i 的直接能源消耗量；E_{ij} 为部门 i 燃料 j 的直接能源消耗量；$S_i = Q_i/Q$，为部门 i 的产值占总产值的比重；$I_i = E_i/Q_i$，为部门 i 单位产值的直接能源消耗量；$M_{ij} = E_{ij}/E_i$，为部门 i 中燃料 j 占该部门能源消耗量的比重；$U_{ij} = F_{ij}/E_{ij}$，为部门 i 燃料 j 的直接碳排放系数。

二、结构分解分析法

结构分解分析法（SDA）是一种基于投入产出模型的用于分析一定驱动因素对某一指标直接和间接影响的方法（Rose and Casler，1996）。该方法于 20 世纪 70 年代由 Leontief 和 Ford（1972）提出，但因当时的方法仍存在一些问题[②]，所以直到 Dietzenbacher 和 Los（1998）提出平均分解法（称为 D&L 法）[③]后，SDA 才开始被广泛使用。Rose 和 Casler（1996）、Hoekstra 和 van den Bergh（2003）以及 Su 和 Ang（2012）对 SDA 的理论和方法进行了提炼和总结。

D&L 法的乘法形式在 Dietzenbacher 等（2000）中被提出，但在 2010 年以前一直没有运用乘法形式的研究。最近，乘法形式的 SDA 方法大量出现，Wang 等（2017）认为主要有两个原因：一是时间序列投入产出表越来越普遍，使用乘法方法来构建指数比加法更方便；二是强度指标在某些

---

①　这里的生产部门碳排放总量 F 指各生产部门因使用化石燃料而直接排放的 CO_2，不包括居民生活消费直接排放的 CO_2。

②　最主要的问题是不完全分解（imperfect decomposition）。例如，若设 $z = xy$，$x_1 = x_0 + \Delta x$，$y_1 = y_0 + \Delta y$，下标 0 表示研究时段起始年份，1 表示期末年份，则有 $\Delta z = z_1 - z_0 = x_1 y_1 - x_0 y_0 = (x_0 + \Delta x)(y_0 + \Delta y) - x_0 y_0 = x_0 \Delta y + \Delta x y_0 + \Delta x \Delta y$。分解结果存在余项 $\Delta x \Delta y$。对此早期的研究通常做以下处理中的一种：（1）舍弃余项，得到 $\Delta z \approx x_0 \Delta y + \Delta x y_0$；（2）将余项与 $x_0 \Delta y$ 合并，得到 $\Delta z = x_1 \Delta y + \Delta x y_0$；（3）将余项与 $\Delta x y_0$ 合并，得到 $\Delta z = x_0 \Delta y + \Delta x y_1$。其中（1）的结果误差较大，而（2）或者（3）只是可能分解形式中的一种，单独使用任何一种都不全面。事实上，当 z 存在 n 个独立自变量时就有 $n!$ 种分解形式（Dietzenbacher and Los，1998）。

③　即对 $n!$ 种分解形式取均值。

应用中更适合,而一般处理强度指标会使用乘法方法。最近使用强度指标和乘法方法的相关研究有 Zhang 和 Lahr（2014a）、Su 和 Ang（2015）以及 Su 和 Ang（2017）。

总体而言,SDA 分解方法可以分为 Laspeyres 和 Divisia 两大类（Su and Ang,2012）。前者几乎成为范式,其中的加法形式被普遍使用;而 Divisia 方法在 2011 年之后才开始出现,但相关研究的数量很少。一般被普遍使用的是各分解方法的加法形式。

与 IDA 相比,SDA 的一个特点是既可以计算最终需求对研究指标的推动作用,也可以计算因生产部门相互关联而产生的间接影响。这一特点对政策分析具有十分重要的意义。不过,因编制投入产出表所需的成本较大、时间较长,各地区仅在部分年份编制该表,所以 SDA 的使用受到一定限制。

SDA 的另一个特点是可进行二级分解,即将投入产出因素（里昂惕夫逆矩阵）进一步分解为若干子因素[1]（Su and Ang,2012）。例如,将里昂惕夫逆矩阵分解为国内直接消耗因素和总直接消耗因素[2]（Jacobsen,2000）,或者基于 KLEM[3] 生产函数进行再分解（Rose and Chen,1991）。通过二级分解可深入探讨投入产出因素影响的来源,进而更好地解释研究指标变化的成因。

三、IDA 和 SDA 优缺点比较

IDA 和 SDA 优缺点的比较见表 3-1。碳排放不仅与各生产部门和各类最终需求的直接排放有关,还与生产和最终需求的间接排放有关。已有大量文献使用 IDA 分析各部门直接碳排放增长的驱动因素,但是 IDA 不能反映排放增长与各类最终需求的关系,也不能反映生产部门相互关联对排放的影响。为深入研究中国碳排放增长的驱动因素,本书采用 SDA 加权平均分解法进行分析。

---

[1] 相对应地,一级分解指仅将里昂惕夫逆矩阵视为单个因素,不做进一步分解。

[2] 总直接消耗系数矩阵 A、国内直接消耗系数矩阵 A_d 和进口直接消耗系数矩阵 A_{im} 存在以下关系：$A = A_d + A_{im}$。

[3] KLEM 是对资本、劳动、能源和其他原材料的简称。

表 3-1　IDA 和 SDA 优缺点比较

分类	因素分解分析（IDA）	结构分解分析（SDA）
优点	（1）数据要求不高，仅需常规统计数据。 （2）可对多数地区进行逐年分析。 （3）研究的时效性较好。	（1）可分析各类最终需求对研究指标的拉动作用以及各生产部门相互关联而引起的间接影响。 （2）可进行二级分解，更好地解释研究指标变化的成因。
缺点	（1）只能分析各驱动因素对研究指标的直接影响，无法体现因经济活动相互联系而引起的间接影响。 （2）只能进行一级分解。	（1）数据要求较高，需要投入产出表。 （2）由于投入产出表数量有限，因此研究地区和研究时段受到限制。 （3）与 IDA 相比研究存在一定的滞后性。

注：本表基于 Hoekstra and van den Bergh（2003）和 Su and Ang（2012）总结。

第二节　结构分解分析

若将国内产品最终需求矩阵 Y_d 以式（3-2）表示，里昂惕夫逆矩阵 $(I-A_d)^{-1}$ 以 L_d 表示，则生产性碳排放量 b_{ind} 可表示为式（3-3）。

$$Y_d = Y_{str}\hat{Y}_{cat}y_{vol} \tag{3-2}$$

$$b_{ind} = R_{ind}(I-A_d)^{-1}Y_d\alpha = R_{ind}L_dY_{str}\hat{Y}_{cat}y_{vol} \tag{3-3}$$

$$Y_{str} = Y_d\hat{Y}_{d,sum}^{-1} \tag{3-4}$$

$$\hat{Y}_{cat} = y_{vol}^{-1}Y_{d,sum}^{T} \tag{3-5}$$

$$y_{vol} = Y_{d,sum}\alpha \tag{3-6}$$

$$Y_{d,sum} = \gamma^{T}Y_d \tag{3-7}$$

其中，$n\times m$ 矩阵 Y_{str} 为最终需求的部门结构，$m\times 1$ 向量 Y_{cat} 为最终需求的类型结构，y_{vol} 为最终需求规模，$1\times n$ 向量 R_{ind} 为各生产部门单位产值直接碳排放，$1\times m$ 向量 $Y_{d,sum}$ 为各类最终需求对国内产品的需求总量，α 是元素均为 1 的 $m\times 1$ 加和向量，γ 是元素均为 1 的 $n\times 1$ 加和向量。

若某一时间段 Δt 极小，则该时段内生产性碳排放的变化量 Δb_{ind} 可表示为式（3-8）（Baiocchi and Minx，2010）：

$$\Delta b_{ind} = \Delta R_{ind}L_dY_{str}Y_{cat}y_{vol} + R_{ind}\Delta L_dY_{str}Y_{cat}y_{vol} +$$
$$R_{ind}L_d\Delta Y_{str}Y_{cat}y_{vol} + R_{ind}L_dY_{str}\Delta Y_{cat}y_{vol} + R_{ind}L_dY_{str}Y_{cat}\Delta y_{vol} \tag{3-8}$$

其中,等式右边第一项表示当其他因素不变时单位产值碳排放 R_{ind} 改变引起的生产性碳排放总量变化,第二项为投入产出结构(里昂惕夫逆矩阵)L_d 改变引起的碳排放总量变化,第三项为最终需求产品结构 Y_{str} 改变引起的碳排放总量变化,第四项为最终需求类型结构 Y_{cat} 改变引起的碳排放总量变化,第五项为最终需求规模 y_{vol} 改变引起的碳排放总量变化。

不过,实际应用中时间段 Δt 一般在一年以上,不符合"Δt 极小"的假设,因此式(3-8)存在多种分解形式。从理论上看,若模型有 n 个独立变量,则存在 $n!$ 种一阶分解形式(Dietzenbacher and Los,1998)。本研究采用加权平均分解法对所有的一阶分解形式取均值(李景华,2004;Li,2005)。加权平均分解法的原理如下:如果 $x_i(i=1,2,\cdots,n)$ 是 n 个独立变量,且 $y=\prod_{i=1}^{n}x_i$。记含 Δx_i 的 $n!$ 种分解形式的算术平均值为 $E(\Delta x_i)$,则 $\Delta y=\sum_{i=1}^{n}E(\Delta x_i)$。对 $E(\Delta x_i)$ 合并同类项,得到:

$$E(\Delta x_i)=\sum_s f(s)\prod_{j=1,j\neq i}^{n}x_{j,\,\text{time}}(\Delta x_i) \tag{3-9}$$

其中,time $=0$ 或 1,$\sum_s$ 表示对 $\{x_{j,\,\text{time}}\mid j=1,\cdots,n\text{ 且 }j\neq i\}$ 中 time 的所有组合求和,s 是组合中 time $=1$ 的个数,且 $f(s)=s!(n-s-1)!/n!$。关于加权平均分解法的详细讨论见文献(李景华,2004;Li,2005)。

基于上述分解方法,本研究中 Δb_{ind} 的 $n!$ 种分解形式的均值可通过式(3-10)计算:

$$\Delta b_{ind}=E(\Delta R_{ind})+E(\Delta L_d)+E(\Delta Y_{str})+E(\Delta Y_{cat})+E(\Delta y_{vol}) \tag{3-10}$$

其中,$E(\Delta R_{ind})$、$E(\Delta L_d)$、$E(\Delta Y_{str})$、$E(\Delta Y_{cat})$ 及 $E(\Delta y_{vol})$ 等五项的含义与式(3-8)中相应各项的含义相同。

第三节　各因素部门分解公式

深入理解各部门碳排放变化的驱动因素对制定有针对性的减排政策具有指导意义。不过,现有文献通常关注各因素对碳排放的总体影响,较少关注各因素部门层次的影响。本节基于 SDA 的理论模型提出各因素的部门分解公式。

一、单位产值碳排放的影响

若时间段 Δt 极小，则通过式（3-11）计算各部门单位产值碳排放变化对生产性碳排放变化的影响：

$$\Delta B_{R,\text{ind}} = \Delta \hat{R}_{\text{ind}} L_d Y_{\text{str}} Y_{\text{cat}} y_{\text{vol}} \tag{3-11}$$

其中，$n \times 1$ 向量 $\Delta B_{R,\text{ind}}$ 为各部门生产性碳排放变化，$\Delta \hat{R}_{\text{ind}}$ 为各部门单位产值碳排放变化向量 ΔR_{ind} 的对角矩阵。加权平均分解法表达式由 $E(\Delta R_{\text{ind}})$ 变为 $E(\Delta \hat{R}_{\text{ind}})$。

二、投入产出结构的影响

投入产出结构 L_d 的变化实质上是由直接消耗系数矩阵 A_d 的变化引起的，而 A_d 中的某一列表示生产一单位该列部门的产品对各部门产品的直接消耗量，即 A_d 中各列描述了生产部门对原材料或服务的使用效率。通过考察 A_d 中各列变化对碳排放的影响就可以识别出引起碳排放增加的关键部门，从而有针对性地制定减排策略。

令 $n \times n$ 矩阵 $\Delta A_{d(j)}$ 为（陈锡康和杨翠红，2011）

$$\Delta A_{d(j)} = \begin{bmatrix} 0 & \cdots & \Delta a_{d,1j} & \cdots & 0 \\ \vdots & & \vdots & & \vdots \\ 0 & \cdots & \Delta a_{d,nj} & \cdots & 0 \end{bmatrix} \tag{3-12}$$

则直接消耗系数矩阵的变化 ΔA_d 可表示为

$$\Delta A_d = \begin{bmatrix} \Delta a_{d,11} & \cdots & \Delta a_{d,1n} \\ \vdots & & \vdots \\ \Delta a_{d,n1} & \cdots & \Delta a_{d,nn} \end{bmatrix} = \Delta A_{d(1)} + \cdots + \Delta A_{d(j)} + \cdots + \Delta A_{d(n)}$$

$$= \sum_{j=1}^{n} \Delta A_{d(j)} \tag{3-13}$$

由于 $\Delta L_d = L_{d,1} \Delta A_d L_{d,0}$（下标 0 表示研究时段的起始年份，下标 1 表示研究时段的终了年份），因此当时间段 Δt 极小时各部门直接消耗系数变化对生产性碳排放总量变化的影响 $\Delta b_{Ld,\text{ind}}$ 可由式（3-14）计算：

$$\Delta b_{Ld,\text{ind}} = R_{\text{ind}} \Delta L_d Y_{\text{str}} Y_{\text{cat}} y_{\text{vol}}$$

$$= R_{\text{ind}} L_{d,1} \left(\sum_{j=1}^{n} \Delta A_{d(j)} \right) L_{d,0} Y_{\text{str}} Y_{\text{cat}} y_{\text{vol}}$$

$$= \sum_{j=1}^{n} R_{\text{ind}} L_{d,1} \Delta A_{d(j)} L_{d,0} Y_{\text{str}} Y_{\text{cat}} y_{\text{vol}} \tag{3-14}$$

令

$$\Delta b_{Ld(j),\text{ind}} = R_{\text{ind}} L_{d,1} \Delta A_{d(j)} L_{d,0} Y_{\text{str}} Y_{\text{cat}} y_{\text{vol}} \tag{3-15}$$

则

$$\Delta b_{Ld,\text{ind}} = \sum_{j=1}^{n} \Delta b_{Ld(j),\text{ind}} \tag{3-16}$$

其中，$\Delta b_{Ld(j),\text{ind}}$ 为部门 j 的直接消耗系数变化（即 ΔA_d 的第 j 列）对生产性碳排放总量变化的影响。加权平均分解法表达式由 $E(\Delta L_d)$ 变为 $E(L_{d,1} \Delta A_d L_{d,0})$。

三、最终需求部门结构的影响

1. 将 $\Delta b_{Y\text{str},\text{ind}}$ 分解至各类最终需求

借鉴投入产出结构的部门分解思路，令最终需求 d 的部门结构 $\Delta Y_{\text{str}(d)}$ 为

$$\Delta Y_{\text{str}(d)} = \begin{bmatrix} 0 & \cdots & \Delta y_{\text{str},1d} & \cdots & 0 \\ \vdots & & \vdots & & \vdots \\ 0 & \cdots & \Delta y_{\text{str},nd} & \cdots & 0 \end{bmatrix} \tag{3-17}$$

则最终需求部门结构的变化 ΔY_{str} 可表示为

$$\Delta Y_{\text{str}} = \begin{bmatrix} \Delta y_{\text{str},11} & \cdots & \Delta y_{\text{str},1m} \\ \vdots & & \vdots \\ \Delta y_{\text{str},n1} & \cdots & \Delta y_{\text{str},nm} \end{bmatrix} = \Delta Y_{\text{str}(1)} + \cdots + \Delta Y_{\text{str}(d)} + \cdots + \Delta Y_{\text{str}(m)}$$

$$= \sum_{d=1}^{m} \Delta Y_{\text{str}(d)} \tag{3-18}$$

因此当时间段 Δt 极小时最终需求部门结构变化对生产性碳排放变化的影响 $\Delta b_{Y\text{str},\text{ind}}$ 可由式（3-19）计算：

$$\Delta b_{Y\text{str},\text{ind}} = R_{\text{ind}} L_d \Delta Y_{\text{str}} Y_{\text{cat}} y_{\text{vol}}$$

$$= R_{\text{ind}} L_d \Big(\sum_{d=1}^{m} \Delta Y_{\text{str}(d)} \Big) Y_{\text{cat}} y_{\text{vol}}$$

$$= \sum_{d=1}^{m} R_{\text{ind}} L_d \Delta Y_{\text{str}(d)} Y_{\text{cat}} y_{\text{vol}} \tag{3-19}$$

令

$$\Delta b_{Y\text{str}(d),\text{ind}} = R_{\text{ind}} L_d \Delta Y_{\text{str}(d)} Y_{\text{cat}} y_{\text{vol}} \tag{3-20}$$

则

$$\Delta b_{Y\text{str},\text{ind}} = \sum_{d=1}^{m} \Delta b_{Y\text{str}(d),\text{ind}} \tag{3-21}$$

其中，$\Delta b_{Y\,str(d),ind}$ 为第 d 类最终需求的部门结构变化对生产性碳排放变化的影响。加权平均分解法表达式由 $E(\Delta Y_{str})$ 变为 $E(\Delta Y_{str(d)})$。

2. 将 $\Delta b_{Y\,str(d),ind}$ 进一步分解至各最终需求部门

通过式(3-22)和式(3-23)将 $\Delta b_{Y\,str(d),ind}$ 进一步分解至最终需求的产品部门。

令

$$\Delta Y_{str(i,d)} = \begin{bmatrix} 0 & \cdots & 0 & \cdots & 0 \\ \vdots & & \vdots & & \vdots \\ 0 & \cdots & \Delta y_{str,id} & \cdots & 0 \\ \vdots & & \vdots & & \vdots \\ 0 & \cdots & 0 & \cdots & 0 \end{bmatrix} \tag{3-22}$$

则 $\Delta Y_{str(d)} = \sum\limits_{i=1}^{n} \Delta Y_{str(i,d)}$。当时间段 Δt 极小时第 d 类最终需求部门 i 的比重变化对生产性碳排放变化的影响 $\Delta b_{Y\,str(i,d),ind}$ 可由式(3-23)计算：

$$\Delta b_{Y\,str(i,d),ind} = R_{ind} L_d \Delta Y_{str(i,d)} Y_{cat} y_{vol} \tag{3-23}$$

加权平均分解法表达式由 $E(\Delta Y_{str(d)})$ 变为 $E(\Delta Y_{str(i,d)})$。

四、最终需求类型结构的影响

1. 将 $\Delta b_{Y\,cat}$ 分解至各类最终需求

令最终需求 d 占国内产品最终需求总量的比重 $\Delta Y_{cat(d)}$ 为

$$\Delta Y_{cat(d)} = \begin{bmatrix} 0 \\ \vdots \\ \Delta y_{cat,d} \\ \vdots \\ 0 \end{bmatrix} \tag{3-24}$$

则最终需求类型结构的变化 ΔY_{cat} 可表示为

$$\Delta Y_{cat} = \begin{bmatrix} \Delta y_{cat,1} \\ \vdots \\ \Delta y_{cat,m} \end{bmatrix} = \Delta Y_{cat(1)} + \cdots + \Delta Y_{cat(d)} + \cdots + \Delta Y_{cat(m)} = \sum\limits_{d=1}^{m} \Delta Y_{cat(d)} \tag{3-25}$$

因此，当时间段 Δt 极小时最终需求类型结构变化对生产性碳排放变化的影响 $\Delta b_{Y\,cat,ind}$ 可由式(3-26)计算：

$$\Delta b_{Y\,cat,ind} = R_{ind} L_d Y_{str} \Delta Y_{cat} y_{vol}$$

$$= R_{\mathrm{ind}} L_d Y_{\mathrm{str}} \Big(\sum_{d=1}^{m} \Delta Y_{\mathrm{cat}(d)} \Big) y_{\mathrm{vol}}$$

$$= \sum_{d=1}^{m} R_{\mathrm{ind}} L_d Y_{\mathrm{str}} \Delta Y_{\mathrm{cat}(d)} y_{\mathrm{vol}} \qquad (3\text{-}26)$$

令

$$\Delta b_{Y_{\mathrm{cat}(d)},\mathrm{ind}} = R_{\mathrm{ind}} L_d Y_{\mathrm{str}} \Delta Y_{\mathrm{cat}(d)} y_{\mathrm{vol}} \qquad (3\text{-}27)$$

则

$$\Delta b_{Y_{\mathrm{cat}},\mathrm{ind}} = \sum_{d=1}^{m} \Delta b_{Y_{\mathrm{cat}(d)},\mathrm{ind}} \qquad (3\text{-}28)$$

其中，$\Delta b_{Y_{\mathrm{cat}(d)},\mathrm{ind}}$ 为最终需求 d 占国内产品最终需求总量的比重变化对生产性碳排放变化的影响。加权平均分解法表达式由 $E(\Delta Y_{\mathrm{cat}})$ 变为 $E(\Delta Y_{\mathrm{cat}(d)})$。

2. 将 $\Delta b_{Y_{\mathrm{cat}(d)},\mathrm{ind}}$ 进一步分解至各最终需求部门

通过式(3-29)和式(3-30)将 $\Delta b_{Y_{\mathrm{cat}(d)},\mathrm{ind}}$ 分解至各最终需求部门。

令

$$\Delta D_{Y_{\mathrm{cat}(d)}} = Y_{\mathrm{str}} \Delta Y_{\mathrm{cat}(d)} y_{\mathrm{vol}} \qquad (3\text{-}29)$$

则当时间段 Δt 极小时 $\Delta b_{Y_{\mathrm{cat}(d)},\mathrm{ind}}$ 分解后的向量 $\Delta B_{Y_{\mathrm{cat}(d)},\mathrm{ind}}$ 可由式(3-30)计算：

$$\Delta B_{Y_{\mathrm{cat}(d)},\mathrm{ind}} = R_{\mathrm{ind}} L_d \, \Delta \hat{D}_{Y_{\mathrm{cat}(d)}} \qquad (3\text{-}30)$$

其中，$n \times 1$ 向量 $\Delta D_{Y_{\mathrm{cat}(d)}}$ 为第 d 类最终需求的比重变化引起的各部门国内产品最终需求量的变化。加权平均分解法表达式由 $E(\Delta Y_{\mathrm{cat}(d)})$ 变为 $E(\Delta \hat{D}_{Y_{\mathrm{cat}(d)}})$。

五、最终需求规模的影响

1. 将 $\Delta b_{y_{\mathrm{vol}},\mathrm{ind}}$ 分解至各类最终需求

为将 $\Delta b_{y_{\mathrm{vol}},\mathrm{ind}}$ 分解至各类最终需求，对最终需求类型结构 Y_{cat} 做如下处理：

令 $m \times 1$ 向量 $Y_{\mathrm{cat}(d)}$ 为

$$Y_{\mathrm{cat}(d)} = \begin{bmatrix} 0 \\ \vdots \\ y_{\mathrm{cat},d} \\ \vdots \\ 0 \end{bmatrix} \qquad (3\text{-}31)$$

则 Y_{cat} 可表示为

$$Y_{cat} = \begin{bmatrix} y_{cat,1} \\ \vdots \\ y_{cat,m} \end{bmatrix} = Y_{cat(1)} + \cdots + Y_{cat(d)} + \cdots + Y_{cat(m)} = \sum_{d=1}^{m} Y_{cat(d)}$$

$$(3\text{-}32)$$

因此，$\Delta b_{yvol,ind}$ 可由式(3-33)计算：

$$\Delta b_{yvol,ind} = R_{ind} L_d Y_{str} Y_{cat} \Delta y_{vol}$$

$$= R_{ind} L_d Y_{str} \Big(\sum_{d=1}^{m} Y_{cat(d)} \Big) \Delta y_{vol}$$

$$= \sum_{d=1}^{m} R_{ind} L_d Y_{str} Y_{cat(d)} \Delta y_{vol} \qquad (3\text{-}33)$$

令

$$\Delta b_{yvol(d),ind} = R_{ind} L_d Y_{str} Y_{cat(d)} \Delta y_{vol} \qquad (3\text{-}34)$$

则

$$\Delta b_{yvol,ind} = \sum_{d=1}^{m} \Delta b_{yvol(d),ind} \qquad (3\text{-}35)$$

其中，$\Delta b_{yvol(d),ind}$ 为最终需求 d 规模变化对生产性碳排放变化的影响。加权平均分解法表达式由 $E(\Delta y_{vol})$ 变为 $E(\Delta y_{vol(d)})$。

2. 将 $\Delta b_{yvol(d),ind}$ 分解至各最终需求部门

通过式(3-36)和式(3-37)将 $\Delta b_{yvol(d),ind}$ 分解至各最终需求部门。

令

$$\Delta D_{yvol(d)} = Y_{str} Y_{cat(d)} \Delta y_{vol} \qquad (3\text{-}36)$$

则当时间段 Δt 极小时，$\Delta b_{yvol(d),ind}$ 分解后的向量 $\Delta B_{yvol(d),ind}$ 可由式(3-37)计算：

$$\Delta B_{yvol(d),ind} = R_{ind} L_d \Delta \hat{D}_{yvol(d)} \qquad (3\text{-}37)$$

其中，$n \times 1$ 向量 $\Delta D_{yvol(d)}$ 为第 d 类最终需求各部门的需求量变化。加权平均分解法表达式由 $E(\Delta y_{vol(d)})$ 变为 $E(\Delta \hat{D}_{yvol(d)})$。

第四节　碳排放 SDA 应用中存在的不足

随着中国碳排放问题在国际上的重要性日益增加，为深入探讨中国碳排放增长的驱动因素，近年来众多学者采用 SDA 对中国进行了实证研究，见表 3-2。根据研究内容，这些文献大致可分为四类，第一类主要研究

中国产业部门能源使用或碳排放增长的影响因素（Lin and Polenske，1995；Peters et al.，2007；Guan et al.，2008；Guan et al.，2009；Zhang，2010；Minx et al.，2011；Zhang and Qi，2011；Fan and Xia，2012；Xie，2014；Zhang and Liu，2014；Zhang and Lahr，2014b；Li and Wei，2015；Chang and Lahr，2016；Xiao et al.，2016）。第二类文献重点关注引起中国能耗强度或碳排放强度变化的主要因素（Garbaccio et al.，1999；Chai et al.，2009；Zhang，2009；Xia et al.，2012；Nie and Kemp，2013；Zeng et al.，2014；Zhang and Lahr，2014b；Su and Ang，2015）。第三类文献探讨中国国际贸易中隐含能源或碳排放变化问题（Kagawa and Inamura，2004；Dong et al.，2010；Liu et al.，2010；Yunfeng and Laike，2010；Du et al.，2011；Xu et al.，2011；Zhang，2012；Su et al.，2013；Xia et al.，2015）。第四类文献主要研究居民消费碳排放增长的驱动因素（Zhu et al.，2012；Wang et al.，2015）。

　　虽然各文献的指标、模型、方法和数据存在差异，但是其结论存在一些共性。这些共性包括：最终需求水平变化是能源使用或碳排放增加的最主要因素，最终需求部门结构及投入产出结构的影响很小，而各部门单位产值能源使用或碳排放变化是能源使用总量或碳排放总量减少的主要原因。

　　现有文献在SDA分解方法以及研究数据方面仍存在不足。SDA分解方法方面，一是现有研究通常重点关注驱动因素的总体影响，对SDA各因素在部门层面的影响关注较少。虽然部分学者按最终需求部门对各因素进行了部门分解（Minx et al.，2011；计军平和马晓明，2011；Li and Wei，2015；Chang and Lahr，2016），但是这种方法无法反映各生产部门的碳排放强度因素及投入产出结构因素对碳排放变化的影响，应当从生产部门角度对这两个因素进行分解。二是现有文献虽然分析了历史碳排放变化的驱动因素，但却未将相关结论应用于碳排放路径的情景分析，削弱了研究结果对减排政策的指导意义。实际上，Leontief和Ford（1972）、Hoekstra和van den Bergh（2006）等人已经尝试将SDA应用于污染物预测及钢铁等资源消费预测。上述学者的研究表明，基于SDA的情景分析在理论上可行，且能分析各影响因素、各部门对污染物减排（资源消费增长）的贡献，为政策制定提供有价值的参考，这是其他方法不具备的特点。

　　研究数据方面，一是多数研究均采用IPCC国家温室气体清单指南（IPCC，1997；IPCC，2006）缺省碳排放系数，而这会显著高估中国的碳排放。Liu等（2015）的研究表明，中国煤炭的实际碳排放因子比IPCC缺

省值低 40％左右,水泥实际碳排放因子比 IPCC 低 30％左右。总体上,
2013 年中国实际碳排放总量比采用 IPCC 缺省因子计算的碳排放总量低
14％左右。虽然部分学者(Peters et al.,2007;Minx et al.,2011)采用
了 Peters 等(2006)估算的中国化碳排放系数,但是随着相关研究的开
展,目前已有更符合中国实际的排放系数(国家发展和改革委员会应对气
候变化司,2014)。二是大部分研究采用竞争进口型投入产出表进行计
算,即假设进口产品的单位产值碳排放与国内产品的相同,导致碳排放计
算结果偏大(Su and Ang,2013)。主要有两个原因:一是通常情况下中
国主要贸易伙伴拥有的生产技术较为先进,单位产值碳排放比中国低,采
用上述假设高估了中国生产产品可能引起的碳排放;二是进口产品生产
于国外,按照目前国际上普遍采用的碳排放责任认定方法,其生产过程产
生的碳排放属于出口国,不应计入中国。因此,有必要将进口产品从现有
投入产出表的中间使用和最终使用中加以分离,建立非竞争进口型模型,
以便更好地研究中国国内产生的碳排放与各类经济活动的关系。

表 3-2 采用 SDA 研究中国能源使用或碳排放的主要文献

序号	文　献	研究时段	研究内容	投入产出模型及碳排放系数	因素数量	分解方法
1	Lin and Polenske（1995）	1981—1987	能源使用	18 部门竞争型表（实物和价值混合型）	5 个	仅使用 $n!$ 种分解形式中的一种
2	Garbaccio et al.（1999）	1987—1992	能源—产出之比	29 部门竞争型表（实物和价值混合型）	5 个	parametric Divisia methods
3	Kagawa and Inamura（2004）	1985—1990	中日贸易隐含能源	32 部门非竞争型表（价值型）	28 个	中点权近似分解法（加法）
4	Peters et al.（2007）	1992—2002	能源相关排放及工业生产过程碳排放	95 部门竞争型表（价值型），Peters et al.（2006）提供的中国化参数	4 个	平均分解法（加法）
5	Guan et al.（2008）	1981—2002,2002—2030	能源相关排放及工业生产过程碳排放	18 部门竞争型表（价值型），2006 版指南缺省系数	5 个	平均分解法（加法）
6	Chai et al.（2009）	1992—2004	单位 GDP 能源使用	30 部门竞争型表（实物和价值混合型）	3 个	LMDI(加法)
7	Guan et al.（2009）	2002—2005	能源相关排放及工业生产过程碳排放	38 部门非竞争型表（价值型），2006 版指南缺省系数	5 个	平均分解法（加法）

续表

序号	文　献	研究时段	研究内容	投入产出模型及碳排放系数	因素数量	分解方法
8	Zhang（2009）	1992—2006	单位国内最终需求的能源相关碳排放	26 部门非竞争型表（价值型），1996 版指南缺省系数	7 个	平均分解法（加法）
9	Dong et al.（2010）	1990—2000	中日贸易隐含的能源相关碳排放	24 部门非竞争型表（价值型），文章未说明采用何种碳排放系数	3 个	LMDI(加法)
10	Liu et al.（2010）	1992—2005	进出口的隐含能源	52 部门竞争型表（实物和价值混合型）	5 个	平均分解法（加法）
11	Yunfeng and Laike（2010）	1992—2007	进出口贸易隐含的能源相关碳排放	竞争型表（价值型），文章未说明投入产出表部门数，Peters et al.（2006）提供的中国化参数	3 个	两极分解法（加法）
12	Zhang（2010）	1992—2005	能源相关碳排放	29 部门非竞争型表（价值型），1996 版指南缺省系数	4 个	平均分解法（加法）
13	Du et al.（2011）	2002—2007	中美贸易隐含的能源相关碳排放	28 部门非竞争型表（价值型），2006 版指南缺省系数	4 个	两极分解法（加法）
14	Minx et al.（2011）	1992—2007	能源相关碳排放及工业生产过程碳排放	95 部门竞争型表（价值型），Peters et al.（2006）提供的中国化参数	6 个	平均分解法（加法）
15	Xu et al.（2011）	2002—2008	出口贸易隐含的能源相关碳排放	122 部门及 135 部门非竞争型表（价值型），2006 版指南缺省系数	4 个	平均分解法（加法）
16	Zhang and Qi（2011）	1992—2002	生产部门引起的能源相关碳排放	21 部门竞争型表（价值型），1996 版指南缺省系数	6 个	两极分解法（加法）
17	Fan and Xia（2012）	1987—2007	能源使用	44 部门竞争型表（实物和价值混合型）	6 个	两极分解法（乘法）
18	Xia et al.（2012）	1987—2005	单位 GDP 能源使用	44 部门竞争型表（实物和价值混合型）	6 个	两极分解法（乘法）
19	Zhang（2012）	1987—2007	进出口贸易隐含的能源相关碳排放	26 部门非竞争型表（价值型），1996 版指南缺省系数	6 个	平均分解法（加法）

序号	文　献	研究时段	研究内容	投入产出模型及碳排放系数	因素数量	分解方法
20	Zhu et al. (2012)	1992—2005	居民消费引起的间接能源相关碳排放	14 部门竞争表（价值型），能源研究所 2003 年研究报告	5 个	两极分解法（加法）
21	Nie and Kemp (2013)	2002—2005	单位 GDP 能源使用	17 部门竞争型表（价值型）	5 个	两极分解法（加法）
22	Su et al. (2013)	1997—2002	进口的隐含能源相关碳排放	104 部门非竞争型表（价值型），1996 版指南缺省系数	3 个	平均分解法（加法）
23	Xie (2014)	1992—2010	能源使用	28 部门非竞争型表（实物和价值混合型）	5 个	LMDI（加法）
24	Zhang and Lahr (2014b)	1987—2007	能源使用总量以及单位 GDP 能源使用	84 部门竞争表（价值型）	4 个及 5 个	两级分解法（乘法）
25	Zhang and Liu (2014)	2002—2010	工业部门能源使用碳排放	33 部门竞争表（价值型），文章未说明采用何种碳排放系数	3 个	两级分解法（乘法）
26	Zeng et al. (2014)	1997—2007	单位 GDP 能源使用	102 部门竞争型表（价值型）	6 个	平均分解法（加法）
27	Li and Wei (2015)	2002—2010	能源相关碳排放	17 部门竞争型表（价值型），文章未说明采用何种碳排放系数	3 个	平均分解法（加法）
28	Su and Ang (2015)	2007—2010	单位 GDP 碳排放	41 部门非竞争型表（价值型），1996 版指南缺省系数	3 个	Fisher 因素分解法（乘法）
29	Wang et al. (2015)	1992—2007	居民消费引起的间接能源相关碳排放	22 部门竞争表（价值型），2006 版指南缺省系数	6 个	LMDI（加法）
30	Xia et al. (2015)	2002—2007	出口贸易隐含的能源相关碳排放	32 部门非竞争型表（实物和价值混合型），Peters et al. (2006)提供的中国化参数	5 个	两级分解法（乘法形式）
31	Chang and Lahr (2016)	2005—2010	能源相关碳排放	24 部门竞争型表（价值型），2006 版指南缺省系数	3 个	两极近似分解法（仅按最终需求部门分解各因素）

序号	文　献	研究时段	研究内容	投入产出模型及碳排放系数	因素数量	分解方法
32	Su and Thomson (2016)	2006—2012	出口贸易隐含的能源相关碳排放	135 部门非竞争型表（价值型），2006 版指南缺省系数	4 个	平均分解法（加法）
33	Nie et al. (2016)	1997—2010	能源相关碳排放	17 部门竞争型表，2006 版指南缺省系数	6 个	两极分解法（加法）
34	Xiao et al. (2016)	1997—2010	能源相关碳排放	24 部门竞争型表（价值型），2006 版指南缺省系数	9 个	两极分解法（加法）
35	Mi et al.（2017）	2005—2012	能源及水泥相关碳排放	20 部门非竞争型表（价值型），Liu et al.（2015）提供的中国化系数	5 个	平均分解法（加法）
36	Su and Ang (2017)	2007—2012	单位 GDP 能源相关碳排放	28 部门非竞争型表（价值型），2006 版指南缺省系数	3 个 6 个	Fisher 因素分解法（乘法）

注：本表文献整理自 Web of Science 的搜索结果，搜索日期为 2017 年 10 月 10 日。搜索关键词为 China AND（SDA OR "structural decomposition analysis"）AND（"carbon emissions" OR "CO₂ emissions" OR "carbon dioxide emissions" OR "greenhouse gas emissions" OR "GHG emissions" OR energy），搜索范围仅限于学术期刊。搜索结果既有针对全中国的研究，也有针对部分省市的研究，这里仅选取全国性的研究。"竞争型表"指采用竞争进口型投入产出表计算，"非竞争型表"指采用非竞争进口型投入产出表计算，"能源相关碳排放"指与化石燃料相关的 CO_2 排放，"1996 版指南"指文献（IPCC，1997），"缺省系数"指在计算时采用 IPCC 指南缺省排放系数，"2006 版指南"指文献（IPCC，2006），"能源研究所 2003 年研究报告"指国家发展和改革委员会能源研究所于 2003 年 5 月公布的《中国可持续发展能源暨碳排放情景分析综合报告》。

第四章
结构路径分析和分解方法

第一节　结构路径分析(SPA)

　　一个经济系统可以被理解为由多个存在相互依存关系的因子组成的庞大而又复杂的网络。当一个因子的最终需求发生变化时会对整个生产网络的其他因子产生影响,同时每个因子的变化会进一步影响其他因子,或者被反馈回最初的部门,如此循环往复、层层影响。由 Lenzen(2007)提出的结构路径分析法(SPA)在环境问题中的应用,主要就是把一个经济体的整体排放量在其生产系统中层层分解为无穷多条路径,按照每条路径直接排放量的多少对路径进行排序,以识别出污染物排放量的关键驱动因素。

　　SPA 可以追踪部门之间相互影响的复杂关系,分解出整个生产链条中对产品或组织具有重要影响的因子之间层层影响的路径(Lenzen and Murray, 2010)。在居民消费的研究领域中,结构路径分析方法已经得到应用。王芳(2013)用结构路径分析了人口年龄结构对居民消费的影响。袁小慧和范金(2010)以江苏为案例分析了收入对居民消费影响的结构性路径分析。Meng 等(2015)和 Nagashima(2018)利用 SPA 研究居民消费对 PM2.5 排放的影响:前者发现消费者对电力和交通的需求主要导致直接排放,而对建筑业、工业和服务业的需求则主要是推动了其上游部门的生产活动导致的排放;后者发现四川、山东、广西和安徽等地从事"其他服务业""农业"和"建筑业"等高收入行业的家庭主要贡献了自有住宅的 PM2.5 排放。Yang 等(2015)研究了中国基于 CO_2 排放的化石能源结构路径分析,其中部分涉及了居民消费,但分析较为粗略。

本书使用的 SPA 基于直接消耗系数矩阵 A。用幂级数逼近的方法把里昂惕夫逆矩阵展开:

$$b = R(I-A)^{-1}Y = RIY + RAY + RA^2Y + RA^3Y\cdots \qquad (4\text{-}1)$$

其中,RA^nY 代表来自第 n 层次生产部门的影响。例如,当 Y 代表生产一辆汽车的需求时,RIY 就是生产过程中生产厂商的直接温室气体排放;为了生产这辆汽车,需要其他部门投入 AY,从而产生 RAY 的温室气体排放;其他部门的投入增加进一步要求 A^2Y 的生产投入从而继续产生 RA^2Y 的温室气体排放。这个过程通过幂级数的无限展开继续下去。最终,一辆汽车的生产过程中所产生的温室气体排放总量被层层分解,从而得到所有的排放路径,这个方式类似于计算机里的"数据结构树"。

类似经典的"二八"法则,排名靠前的若干条路径引起的碳排放占据总体温室气体排放的绝大部分。同时,在每个层次中,有限数量的节点和路径所产生的影响也占据大部分。"节点"上的温室气体排放是该节点的部门为了满足最终需求,其自身的直接排放以及由该节点展开的所有分路径温室气体排放的总和。

第二节　结构路径分解(SPD)

结构路径分解(SPD)是由结构分解分析(SDA)和结构路径分析(SPA)相结合而生成的方法,用以探究影响各路径污染物排放变化的主要驱动因素。SPD 的提出者 Wood 和 Lenzen(2009)以澳大利亚 1995—2005 年的数据为基础,进行供应链碳排放的实例研究,结果表明畜牧业和电力业的排放生产路径变化最大,国内最终需求和出口是主要的排放影响因素。Oshita(2012)使用 SPD 方法计算了 1990—2000 年日本国民经济部门供应链碳排放路径变化,结果表明碳排放与电力部门和服务部门的投入产出结构有关,最终需求对碳排放有重要影响。Gui 等(2014)使用 SPD 对 1992—2007 年的中国路径碳排放进行了分析。除得到多条高排放影响路径外，结果还表明直接碳排放强度是减排的主要因素，同时单位最终需求是排放增加的主要原因。

在 SPD 的具体使用中，首先使用 SDA 将环境投入产出模型所揭示的碳排放强度(R)、投入产出结构（里昂惕夫逆矩阵，令$(I-A)^{-1}=L$)、最终需求(y)的关系分解为这三因素各自对碳排放量 B 的影响（Dietzenbacher and Los，1998）：

SDA 的加法和乘法形式都可被用来进行结构分解，加法分解通常用于分析一个指标的绝对量变动，乘法分解通常用于分析一个指标的相对量变动（如强度指标）。例如，若采用 SDA 的加法形式，则某一时间段内碳排放的变化量 ΔB 可表示为公式(4-2)：

$$\Delta B = \Delta B_R + \Delta B_L + \Delta B_y = \Delta RLy + R\Delta Ly + RL\Delta y \quad (4\text{-}2)$$

为了量化这些因素对排放的影响，使用式(4-3)，即式(4-2)的离散分解。

$$\Delta B = \Delta B_R + \Delta B_L + \Delta B_y \quad (4\text{-}3)$$

采用加权平均分解法计算式(4-3)的各项（Li，2005）：

$$\Delta B_R = \frac{1}{3}\Delta RL_0 y_0 + \frac{1}{6}\Delta RL_0 y_1 + \frac{1}{6}\Delta RL_1 y_0 + \frac{1}{3}\Delta RL_1 y_1 \quad (4\text{-}4)$$

$$\Delta B_L = \frac{1}{3}R_0 \Delta Ly_0 + \frac{1}{6}R_0 \Delta Ly_1 + \frac{1}{6}R_1 \Delta Ly_0 + \frac{1}{3}R_1 \Delta Ly_1 \quad (4\text{-}5)$$

$$\Delta B_y = \frac{1}{3}R_0 L_0 \Delta y + \frac{1}{6}R_0 L_1 \Delta y + \frac{1}{6}R_1 L_0 \Delta y + \frac{1}{3}R_1 L_1 \Delta y \quad (4\text{-}6)$$

其中，$\Delta R = R_1 - R_0$，$\Delta L = L_1 - L_0$，$\Delta y = y_1 - y_0$。

在式(4-4)～式(4-6)中，ΔB 为碳排放量的总变化，ΔB_R、ΔB_L、ΔB_y分别为受排放强度(ΔR)、投入产出结构(ΔL)和最终需求(Δy)变化影响的碳排放量变化。下标 0 和 1 分别表示开始年份和末尾年份。

随后，通过 SPA 的应用，各种因素的影响可以进一步分解到各个生产链上。首先，L 可以展开如下：

$$L = (I-A)^{-1} = I + A + A^2 + A^3 + \cdots \quad (4\text{-}7)$$

将式(4-7)代入式(4-2)，得

$$\begin{aligned}
\Delta B = {} & \Delta Ry + R\Delta y \\
& + \Delta RAy + R\Delta Ay + RA\Delta y \\
& + \Delta RAAy + R\Delta AAy + RA\Delta Ay + RAA\Delta y + \cdots \quad (4\text{-}8)
\end{aligned}$$

式(4-8)右侧第一行为各因素对排放影响的一阶分解，表示直接由最终需求引发的 CO_2 排放；第二行是各因素对排放影响的二阶分解，表示间接受部门间中间投入产出关系影响和最终需求引发的 CO_2 排放量；后续行遵循上述类似的解读方式。

最后，通过代换式(4-4)～式(4-6)，式(4-9)得以用来离散分解式(4-8)：

$$\Delta B = 1/2\Delta R(y_0 + y_1) + 1/2(R_0 + R_1)y\} \text{一阶路径}$$

$$\left.\begin{array}{l} + 1/6\Delta R[A_0(2y_0 + y_1) + A_1(2y_1 + y_0)] \\ + 1/6[R_0\Delta A(2y_0 + y_1) + R_1\Delta A(2y_1 + y_0)] \\ + 1/6[(2R_0 + R_1)A\Delta y + (2R_1 + R_0)A\Delta y] \end{array}\right\}\text{二阶路径}$$

$$\left.\begin{array}{l} + 1/6\Delta R[A_0A_0(2y_0 + y_1) + A_1A_1(2y_1 + y_0)] \\ + 1/6[R_0\Delta AA_1(2y_0 + y_1) + R_1\Delta AA_1(2y_1 + y_0)] \\ + 1/6[R_0A_0\Delta A(2y_0 + y_1) + R_1A_0\Delta A(2y_1 + y_0)] \\ + 1/6[(2R_0 + R_1)A_0A_0\Delta y + (2R_1 + R_0)A_1A_1\Delta y] \end{array}\right\}\text{三阶路径}$$

$$(4\text{-}9)$$

为区别不同阶数的路径，一般根据式(4-8)分解的阶数，将式(4-9)中对应阶数的路径以分解阶数数量命名。通过使用上述 SPD 方法，可以将碳排放驱动因素的具体影响分解到供应链层面，从而实现对碳排放变化更为微观的分析。

下篇——环境投入产出分析的应用

第五章
分部门碳排放量估算方法

虽然很多研究机构发布了中国的碳排放数据,但大部分是总量数据,缺少详细的分部门碳排放数据。为构建碳排放投入产出分析模型,有必要估算分部门的碳排放量。本章说明了碳排放活动的类型、碳排放估算方法及数据来源。

第一节　碳排放活动识别

根据《2006 年 IPCC 国家温室气体清单指南》(以下简称《IPCC 指南》)(IPCC, 2006),人为碳排放来自以下四类活动:能源活动、工业生产过程、土地利用变化和废物处置。

不过,考虑到数据的可获取性和可靠性,国际上相关机构在估算中国碳排放时一般仅计算能源活动和工业生产过程的排放(WRI, 2016;Boden et al., 2017),这两类排放占中国碳排放总量的 95% 以上。即使部分机构估算了中国土地利用变化的碳排放(国家发展和改革委员会应对气候变化司,2014;WRI, 2016),数据的不确定性也达到 50% 左右。

综合以上因素,本研究考虑了以下两类活动的碳排放:一类是能源活动排放,即各部门化石燃料燃烧排放的 CO_2;另一类是工业生产过程中的碳排放,包括水泥、黑色金属、有色金属、合成氨、碳化钙及碳酸钠等的生产排放。

第二节　各类活动碳排放的估算方法

一、化石燃料燃烧碳排放

《IPCC 指南》(IPCC，2006)提出了两类核算化石燃料燃烧碳排放的方法。一类是自上而下的参考方法，仅需搜集各类化石燃料的燃烧量，无需部门级燃料消耗数据。参考方法是对化石燃料燃烧碳排放总量的粗略估算，一般用于验证和交叉检查。另一类是自下而上的部门方法，需要各部门的化石燃料燃烧量和排放系数。该类方法又分为方法 1、方法 2 和方法 3 三种方法，其差别在于排放系数的不确定性。由于 IPCC 缺省排放系数主要是基于发达国家的燃料特性和燃烧技术设定的，因此使用缺省排放系数估算的燃料碳排放数据无法准确体现中国的排放现状。

本书采用体现中国各部门特点的排放系数估算化石燃料燃烧碳排放（方法 2）。各生产部门燃料燃烧碳排放 $B_{\text{ind,fuel}}$ 通过式（5-1）估算，各类最终需求燃料燃烧碳排放 $B_{\text{res,fuel}}$ 通过式（5-2）估算。

$$B_{\text{ind,fuel}} = C_{\text{ind}} \circ (\hat{H}Z_{\text{ind}}) \qquad (5\text{-}1)$$

$$B_{\text{res,fuel}} = C_{\text{res}} \circ (\hat{H}Z_{\text{res}}) \qquad (5\text{-}2)$$

其中，$s \times n$ 矩阵 Z_{ind} 为各生产部门直接消耗的各类化石燃料的实物量（s 为化石燃料的类型数）；$s \times m$ 矩阵 Z_{res} 为各类最终需求直接消耗的各类化石燃料的实物量；$s \times s$ 矩阵 H 是 $1 \times s$ 向量 H 的对角矩阵，其元素为各类化石燃料的热值（平均低位发热量）。运算符 "。" 为阿达马乘积或分素乘积（entrywise product），是两个相同维度的矩阵对应元素相乘。

生产部门直接燃料消耗结构矩阵 E_{ind} 通过式（5-3）计算，生产部门单位产值直接能耗向量 Q_{ind} 通过式（5-4）计算。最终需求直接燃料消耗结构矩阵 E_{res} 通过式（5-5）计算，单位最终需求直接能耗向量 Q_{res} 通过式（5-6）计算。

$$E_{\text{ind}} = (\hat{H}Z_{\text{ind}})\hat{\beta}\,\hat{H}Z_{\text{ind}}^{-1} \qquad (5\text{-}3)$$

$$Q_{\text{ind}} = (\beta\hat{H}Z_{\text{ind}})\hat{X}^{-1} \qquad (5\text{-}4)$$

$$E_{\text{res}} = (\hat{H}Z_{\text{res}})\hat{\beta}\,\hat{H}Z_{\text{res}}^{-1} \qquad (5\text{-}5)$$

$$Q_{\text{res}} = (\beta\hat{H}Z_{\text{res}})\hat{Y}_{\text{res}}^{-1} \qquad (5\text{-}6)$$

其中，β、X 及 Y_{res} 的说明见表 2-2，其他变量同式（5-1）和式（5-2）。

二、工业生产过程碳排放

各部门工业生产过程的直接碳排放 $B_{process}$ 通过式(5-7)估算。

$$B_{process} = O \circ P \tag{5-7}$$

其中,$1 \times n$ 向量 P 为各工业产品的产量,$1 \times n$ 向量 O 为各部门的工业生产过程碳排放系数(不包括化石燃料燃烧产生的碳排放)。

各部门工业生产过程的单位产值直接碳排放向量 U 通过式(5-8)计算。

$$U = (O \circ P)\hat{X}^{-1} \tag{5-8}$$

第三节　数　据　来　源

碳排放估算要用到两类数据:一类是活动水平数据,即化石燃料的消耗量和工业产品的产量;另一类是碳排放系数数据,即单位化石燃料燃烧的碳排放量和单位工业产品产量的碳排放量。

活动水平数据取自各类统计年鉴。能源消费数据取自历年《中国能源统计年鉴》。需注意的是,《中国能源统计年鉴 2005》对 1999—2003 年的能源消费数据做了修订,《中国能源统计年鉴 2009》对 1996—2007 年的能源消费数据做了修订,而《中国能源统计年鉴 2014》又对 2000—2012 年的能源消费数据做了修订。本研究采用最新修订的数据。各类化石燃料的平均低位发热量见表 5-1。能源消费数据部门分类见表 5-2。各类工业产品产量数据取自历年《中国工业经济统计年鉴》。具体的数据处理过程见文献(Peters et al. , 2006)。

对于碳排放系数数据,本书借鉴国家发展和改革委员会应对气候变化司(2014)、国家发展和改革委员会应对气候变化司(2011)、Lei 等(2011)、Chen 和 Zhang (2010)以及 Liu 等(2015)的成果,采用分部门的中国化系数进行计算,结果较贴近中国的实际情况。计算碳排放系数需要两类数据:一类是燃料含碳量(见表 5-3 和表 5-4),另一类是碳氧化率(见表 5-5 和表 5-6),两者的乘积就是碳排放系数。工业生产过程碳排放系数见表 5-7。

表5-1　各类化石燃料平均低位发热量

序　号	化石燃料类型	单　位	平均低位发热量
1	原煤	kJ/kg	20 908
2	洗精煤	kJ/kg	26 344
3	其他洗煤	kJ/kg	8363
4	型煤	kJ/kg	20 908
5	焦炭	kJ/kg	28 435
6	焦炉煤气	kJ/m³	16 726
7	其他煤气	kJ/m³	5227
8	其他焦化产品	kJ/kg	28 435
9	原油	kJ/kg	41 816
10	汽油	kJ/kg	43 070
11	煤油	kJ/kg	43 070
12	柴油	kJ/kg	42 652
13	燃料油	kJ/kg	41 816
14	液化石油气	kJ/kg	50 179
15	炼厂干气	kJ/kg	46 055
16	其他石油制品	kJ/kg	41 816
17	天然气	kJ/m³	38 931

注：原煤、洗精煤、焦炭、原油、汽油、煤油、柴油、燃料油、液化石油气、炼厂干气及天然气的平均低位发热量取自《中国能源统计年鉴2016》（国家统计局能源统计司，2017）。另外，由于《中国能源统计年鉴2016》未提供其他洗煤、型煤、焦炉煤气、其他煤气、其他焦化产品及其他石油制品的确切平均低位发热量，因此这些燃料的平均低位发热量参考《关于公布2009年中国区域电网基准线排放因子的公告》附件一的表"燃料参数"（国家发展和改革委员会应对气候变化司，2009）。

表5-2　能源消耗数据部门分类

序号	部门名称	序号	部门名称
1	农、林、牧、渔、水利业	6	非金属矿采选业
2	煤炭开采和洗选业	7	其他采矿业
3	石油和天然气开采业	8	农副食品加工业
4	黑色金属矿采选业	9	食品制造业
5	有色金属矿采选业	10	饮料制造业

序号	部门名称	序号	部门名称
11	烟草制品业	29	金属制品业
12	纺织业	30	通用设备制造业
13	纺织服装、鞋、帽制造业	31	专用设备制造业
14	皮革、毛皮、羽毛（绒）及其制品业	32	交通运输设备制造业
15	木材加工及木、竹、藤、棕、草制品业	33	电气机械及器材制造业
16	家具制造业	34	通信设备、计算机及其他电子设备制造业
17	造纸及纸制品业	35	仪器仪表及文化、办公用机械制造业
18	印刷业和记录媒介的复制	36	工艺品及其他制造业
19	文教体育用品制造业	37	废弃资源和废旧材料回收加工业
20	石油加工、炼焦及核燃料加工业	38	电力、热力的生产和供应业
21	化学原料及化学制品制造业	39	燃气生产和供应业
22	医药制造业	40	水的生产和供应业
23	化学纤维制造业	41	建筑业
24	橡胶制品业	42	交通运输、仓储及邮电通信业
25	塑料制品业	43	批发和零售贸易业、餐饮业
26	非金属矿物制品业	44	其他服务业
27	黑色金属冶炼及压延加工业	45	城镇居民生活消费
28	有色金属冶炼及压延加工业	46	农村居民生活消费

表 5-3 分部门和燃料类型的化石燃料含碳量(1) 单位：tC/TJ

部门序号	原煤	洗精煤*	其他洗煤*	型煤*	焦炭*	焦炉煤气*	其他煤气*	其他焦化产品*	原油*
1	25.77	25.41	25.41	—	29.42	—	—	—	—
2	25.77	25.41	25.41	—	29.42	13.58	12.20	29.42	—
3	27.02	25.41	—	—	29.42	—	12.20	—	20.08
4	25.80	25.41	25.41	—	29.42	13.58	12.20	—	—
5	26.59	25.41	25.41	—	29.42	—	—	—	—
6	26.24	25.41	25.41	—	29.42	—	—	—	—
7	25.77	—	—	—	—	—	—	—	—
8	25.77	25.41	25.41	—	29.42	13.58	—	—	20.08
9	25.77	25.41	25.41	—	29.42	13.58	12.20	—	20.08
10	25.77	25.41	25.41	—	29.42	—	—	—	20.08

部门序号	原煤	洗精煤*	其他洗煤*	型煤*	焦炭*	焦炉煤气*	其他煤气*	其他焦化产品*	原油*
11	25.77	25.41	25.41	—	29.42	13.58	12.20	—	—
12	25.77	25.41	25.41	—	29.42	13.58	12.20	—	20.08
13	25.77	25.41	25.41	—	29.42	13.58	12.20	—	20.08
14	25.77	25.41	25.41	—	29.42	13.58	—	—	20.08
15	25.77	25.41	25.41	—	29.42	—	—	—	20.08
16	25.77	25.41	25.41	—	29.42	—	12.20	—	20.08
17	25.77	25.41	25.41	—	29.42	13.58	12.20	—	20.08
18	25.77	25.41	25.41	—	29.42	—	12.20	—	—
19	25.77	25.41	25.41	—	29.42	—	—	—	20.08
20	27.02	25.41	25.41	—	29.42	13.58	12.20	29.42	20.08
21	25.77	25.41	25.41	—	29.42	13.58	12.20	29.42	20.08
22	25.77	25.41	25.41	—	29.42	13.58	12.20	—	20.08
23	25.77	25.41	25.41	—	29.42	—	—	—	20.08
24	25.77	25.41	25.41	—	29.42	—	12.20	—	20.08
25	25.77	25.41	25.41	—	29.42	13.58	—	—	20.08
26	26.24	25.41	25.41	—	29.42	13.58	12.20	29.42	20.08
27	25.80	25.41	25.41	—	29.42	13.58	12.20	29.42	20.08
28	26.59	25.41	25.41	—	29.42	13.58	12.20	29.42	20.08
29	25.77	25.41	25.41	—	29.42	13.58	12.20	—	20.08
30	25.77	25.41	25.41	—	29.42	13.58	12.20	—	20.08
31	25.77	25.41	25.41	—	29.42	13.58	12.20	—	20.08
32	25.77	25.41	25.41	—	29.42	13.58	12.20	—	20.08
33	25.77	25.41	25.41	—	29.42	13.58	12.20	—	20.08
34	25.77	25.41	25.41	—	29.42	13.58	12.20	—	20.08
35	25.77	25.41	25.41	—	29.42	13.58	12.20	—	20.08
36	25.77	25.41	25.41	—	29.42	13.58	12.20	—	20.08
37	25.77	25.41	25.41	—	29.42	—	12.20	—	—
38	26.18	25.41	25.41	—	29.42	13.58	12.20	29.42	20.08
39	25.77	25.41	25.41	—	29.42	13.58	12.20	29.42	20.08

续表

部门序号	原煤	洗精煤*	其他洗煤*	型煤*	焦炭*	焦炉煤气*	其他煤气*	其他焦化产品*	原油*
40	25.77	25.41	25.41	—	29.42				
41	25.77	25.41	25.41		29.42				
42	25.34	25.41	25.41		29.42		12.20		
43	25.77	—	25.41	33.56	29.42	13.58	12.20		
44	25.77	—	25.41	33.56	29.42	13.58			
45	25.77	—	25.41	33.56	29.42	13.58	12.20		
46	25.77	—	25.41	33.56	29.42		12.20		
IPCC	25.8	25.8	25.8	26.6	29.2	12.1	12.1	25.8	20.0

注："*"表示各部门中该类燃料的碳含量相同，"—"表示无数据。部门序号所对应的部门名称见表5-2。各部门化石燃料含碳量数据根据《2005中国温室气体清单研究》（国家发展和改革委员会应对气候变化司，2014）以及《省级温室气体清单编制指南（试行）》（国家发展和改革委员会应对气候变化司，2011）整理（该表的碳含量为全国通用数据）。若上述两表的数据不一致，则采用《省级温室气体清单编制指南（试行）》的数据。IPCC数据取自《IPCC指南》（IPCC，2006）第二卷第一章表1-3。

表5-4　分部门和燃料类型的化石燃料含碳量（2）　　　单位：tC/TJ

部门序号	汽油*	煤油*	柴油	燃料油	液化石油气*	炼厂干气*	其他石油制品*	天然气*
1	18.90	19.60	20.20	21.10	17.20			
2	18.90	19.60	20.20	21.10	17.20	—	20.08	15.32
3	18.90	19.60	20.20	21.10	17.20	18.20	20.08	15.32
4	18.90	19.60	20.20	21.10	—		20.08	15.32
5	18.90	19.60	20.20	21.10	17.20		20.08	15.32
6	18.90	19.60	20.20	21.10	17.20		20.08	15.32
7	18.90	—	20.20					
8	18.90	19.60	20.20	21.10	17.20	18.20	20.08	15.32
9	18.90	19.60	20.20	21.10	17.20		20.08	15.32
10	18.90	19.60	20.20	21.10	17.20		20.08	15.32
11	18.90	19.60	20.20	21.10	17.20		20.08	15.32
12	18.90	19.60	20.20	21.10	17.20	18.20	20.08	15.32
13	18.90	19.60	20.20	21.10	17.20	—	20.08	15.32

部门序号	汽油*	煤油*	柴油	燃料油	液化石油气*	炼厂干气*	其他石油制品*	天然气*
14	18.90	19.60	20.20	21.10	17.20	—	20.08	15.32
15	18.90	19.60	20.20	21.10	17.20	—	20.08	15.32
16	18.90	19.60	20.20	21.10	17.20	—	20.08	15.32
17	18.90	19.60	20.20	21.10	17.20	—	20.08	15.32
18	18.90	19.60	20.20	21.10	17.20	—	20.08	15.32
19	18.90	19.60	20.20	21.10	17.20	—	20.08	—
20	18.90	19.60	20.20	21.10	17.20	18.20	20.08	15.32
21	18.90	19.60	20.20	21.10	17.20	18.20	20.08	15.32
22	18.90	19.60	20.20	21.10	17.20	—	20.08	15.32
23	18.90	19.60	20.20	21.10	17.20	18.20	20.08	15.32
24	18.90	19.60	20.20	21.10	17.20	—	20.08	15.32
25	18.90	19.60	20.20	21.10	17.20	—	20.08	15.32
26	18.90	19.60	20.20	21.10	17.20	18.20	20.08	15.32
27	18.90	19.60	20.20	21.10	17.20	—	20.08	15.32
28	18.90	19.60	20.20	21.10	17.20	—	20.08	15.32
29	18.90	19.60	20.20	21.10	17.20	—	20.08	15.32
30	18.90	19.60	20.20	21.10	17.20	—	20.08	15.32
31	18.90	19.60	20.20	21.10	17.20	—	20.08	15.32
32	18.90	19.60	20.20	21.10	17.20	—	20.08	15.32
33	18.90	19.60	20.20	21.10	17.20	18.20	20.08	15.32
34	18.90	19.60	20.20	21.10	17.20	—	20.08	15.32
35	18.90	19.60	20.20	21.10	17.20	—	20.08	15.32
36	18.90	19.60	20.20	21.10	17.20	—	20.08	15.32
37	18.90	19.60	20.20	21.10	17.20	—	20.08	—
38	18.90	19.60	20.20	21.10	17.20	18.20	20.08	15.32
39	18.90	19.60	20.20	20.10	17.20	18.20	20.08	15.32
40	18.90	19.60	20.20	21.10	—	—	—	15.32
41	18.90	—	20.20	21.10	17.20	—	20.08	15.32
42	18.90	19.60	20.12	20.10	17.20	—	—	15.32

部门序号	汽油*	煤油*	柴油	燃料油	液化石油气*	炼厂干气*	其他石油制品*	天然气*
43	18.90	19.60	20.20	21.10	17.20	—	—	15.32
44	18.90	19.60	20.20	21.10	17.20	—	—	15.32
45	18.90	19.60	20.20	—	17.20	—	—	15.32
46	18.90	19.60	20.20	—	17.20	—	—	15.32
IPCC	18.9	19.6	20.2	21.1	17.2	15.7	20.0	15.3

注："＊"表示各部门中该类燃料的碳含量相同，"—"表示无数据。部门序号所对应的部门名称见表5-2。其他说明见表5-3。

表 5-5　分部门和燃料类型的化石燃料碳氧化率(1)　　单位：％

部门序号	原煤	洗精煤	其他洗煤	型煤*	焦炭	焦炉煤气*	其他煤气	其他焦化产品	原油
1	90.00	90.00	90.00	—	94.00			—	
2	80.00	80.00	80.00	—	80.00	99.00	99.00	80.00	
3	85.80	85.80	—	—	80.00		99.00	—	98.00
4	83.00	83.00	83.00	—	80.00	99.00	98.00		
5	83.00	83.00	83.00	—	80.00				
6	83.00	83.00	83.00	—	80.00				
7	84.00	—							
8	85.80	85.80	85.80	—	97.00	99.00		—	98.00
9	85.80	85.80	85.80	—	97.00	99.00	99.00		98.00
10	85.80	85.80	85.80	—	97.00				98.00
11	85.80	85.80	85.80	—	97.00	99.00	99.00		
12	85.80	85.80	85.80	—	98.00	99.00	99.00		98.00
13	85.00	85.00	85.00	—	97.00	99.00	98.00		98.00
14	85.00	85.00	85.00	—	97.00	99.00			98.00
15	85.00	85.00	85.00	—	97.00	—			98.00
16	85.00	85.00	85.00	—	97.00				98.00
17	85.80	85.80	85.80	—	97.00	99.00	99.00	—	98.00
18	85.80	85.80	85.80	—	97.00		99.00		
19	85.00	85.00	85.00	—	97.00				98.00

部门序号	原煤	洗精煤	其他洗煤	型煤*	焦炭	焦炉煤气*	其他煤气	其他焦化产品	原油
20	85.80	85.80	85.80	—	80.00	99.00	99.00	80.00	98.00
21	86.50	86.50	86.50	—	97.00	99.00	99.00	97.00	98.00
22	86.50	86.50	86.50	—	97.00	99.00	99.00	—	98.00
23	86.50	86.50	86.50	—	97.00	—	—	—	98.00
24	86.50	86.50	86.50	—	97.00	—	99.00	—	98.00
25	86.50	86.50	86.50	—	97.00	99.00	—	—	98.00
26	95.00	95.00	95.00	—	97.00	99.00	99.00	97.00	97.00
27	85.00	85.00	85.00	—	98.00	99.00	98.00	98.00	97.00
28	91.00	91.00	91.00	—	94.00	99.00	98.00	94.00	97.00
29	85.00	85.00	85.00	—	97.00	99.00	98.00	—	98.00
30	85.00	85.00	85.00	—	97.00	99.00	99.00	—	98.00
31	85.00	85.00	85.00	—	97.00	99.00	99.00	—	98.00
32	85.00	85.00	85.00	—	97.00	99.00	99.00	—	98.00
33	85.00	85.00	85.00	—	97.00	99.00	99.00	—	98.00
34	85.00	85.00	85.00	—	97.00	99.00	99.00	—	98.00
35	85.00	85.00	85.00	—	97.00	99.00	99.00	—	98.00
36	85.00	85.00	85.00	—	97.00	99.00	98.00	—	98.00
37	85.00	85.00	85.00	—	97.00	—	98.00	—	—
38	96.00	96.00	96.00	—	97.00	99.00	99.00	97.00	98.00
39	85.00	85.00	85.00	—	97.00	99.00	98.00	97.00	97.00
40	85.00	85.00	85.00	—	97.00	—	—	—	—
41	87.00	87.00	87.00	—	90.00	—	—	—	—
42	82.45	82.45	82.45	—	97.00	—	98.00	—	—
43	85.80	—	85.80	90.00	97.00	99.00	99.00	—	—
44	85.80	—	85.80	90.00	97.00	99.00	—	—	—
45	85.80	—	85.80	90.00	97.00	99.00	99.00	—	—
46	83.70	—	83.70	90.00	97.00	—	99.00	—	—
IPCC	100	100	100	100	100	100	100	100	100

注："＊"表示各部门中该类燃料的碳氧化率相同，"—"表示无数据。部门序号所对应的部门名称见表 5-2。各部门化石燃料碳氧化率数据根据《2005 中国温室气体清单研究》整理（国家发展和改革委员会应对气候变化司，2014）。《省级温室气体清单编制指南（试行）》（国家发展和改革委员会应对气候变化司，2014）未提供分部门和燃料类型的碳氧化率数据。IPCC 数据取自《IPCC 指南》（IPCC，2006）第二卷第一章表 1-4。

表 5-6　分部门和燃料类型的化石燃料碳氧化率(2)　　单位：%

部门序号	汽油*	煤油	柴油	燃料油	液化石油气	炼厂干气*	其他石油制品	天然气*
1	98.00	98.00	97.00	99.00	99.00	—	—	—
2	98.00	98.00	98.00	99.00	99.00	—	98.00	99.00
3	98.00	98.00	99.00	99.00	99.00	99.00	98.00	99.00
4	98.00	98.00	98.00	98.00	—	—	98.00	99.00
5	98.00	98.00	98.00	98.00	98.00	—	98.00	99.00
6	98.00	98.00	98.00	98.00	98.00	—	98.00	99.00
7	98.00	—	98.00	—	—	—	—	—
8	98.00	98.00	98.00	98.00	98.00	99.00	98.00	99.00
9	98.00	98.00	98.00	98.00	98.00	—	98.00	99.00
10	98.00	98.00	98.00	98.00	98.00	—	98.00	99.00
11	98.00	98.00	98.00	98.00	98.00	—	98.00	99.00
12	98.00	98.00	98.00	98.00	98.00	99.00	98.00	99.00
13	98.00	98.00	98.00	98.00	98.00	—	98.00	99.00
14	98.00	98.00	98.00	98.00	98.00	—	98.00	99.00
15	98.00	98.00	98.00	98.00	98.00	—	98.00	99.00
16	98.00	98.00	98.00	98.00	98.00	—	98.00	99.00
17	98.00	98.00	98.00	98.00	99.00	—	98.00	99.00
18	98.00	98.00	98.00	98.00	99.00	—	98.00	99.00
19	98.00	98.00	98.00	98.00	98.00	—	98.00	99.00
20	98.00	98.00	99.00	99.00	99.00	99.00	98.00	99.00
21	98.00	98.00	98.00	98.00	99.00	99.00	98.00	99.00
22	98.00	98.00	98.00	98.00	99.00	—	98.00	99.00
23	98.00	98.00	98.00	98.00	99.00	99.00	98.00	99.00
24	98.00	98.00	98.00	98.00	99.00	—	98.00	99.00
25	98.00	98.00	98.00	98.00	99.00	—	98.00	99.00
26	98.00	98.00	98.00	97.00	99.00	99.00	97.00	99.00
27	98.00	98.00	98.00	98.00	99.00	—	97.00	99.00
28	98.00	98.00	98.00	97.00	99.00	—	97.00	99.00
29	98.00	98.00	98.00	98.00	98.00	—	98.00	99.00

续表

部门序号	汽油*	煤油	柴油	燃料油	液化石油气	炼厂干气*	其他石油制品	天然气*
30	98.00	98.00	98.00	98.00	98.00	—	98.00	99.00
31	98.00	98.00	98.00	98.00	98.00	—	98.00	99.00
32	98.00	98.00	98.00	98.00	98.00	—	98.00	99.00
33	98.00	98.00	98.00	98.00	98.00	99.00	98.00	99.00
34	98.00	98.00	98.00	98.00	98.00	—	98.00	99.00
35	98.00	98.00	98.00	98.00	98.00	—	98.00	99.00
36	98.00	98.00	98.00	98.00	98.00	—	98.00	99.00
37	98.00	98.00	98.00	98.00	98.00	—	98.00	—
38	98.00	98.00	98.00	99.00	99.00	—	98.00	99.00
39	98.00	98.00	98.00	98.00	99.00	99.00	97.00	99.00
40	98.00	98.00	98.00	98.00	—	—	—	99.00
41	98.00	—	98.50	98.50	99.00	—	98.00	99.00
42	98.00	98.00	98.00	99.00	99.00	—	—	99.00
43	98.00	99.00	98.00	99.00	99.00	—	—	99.00
44	98.00	99.00	98.00	99.00	99.00	—	—	99.00
45	98.00	98.00	98.00	—	99.00	—	—	99.00
46	98.00	98.00	98.00	—	99.00	—	—	99.00
IPCC	100	100	100	100	100	100	100	100

注："*"表示各部门中该类燃料的碳氧化率相同，"—"表示无数据。部门序号所对应的部门名称见表 5-2。其他说明见表 5-5。

表 5-7　工业生产过程碳排放系数

生产部门	工业生产过程	碳排放系数（tCO$_2$/t 产品）
化学原料及化学制品制造业	合成氨	1.5
	电石	1.1
	纯碱	0.415
非金属矿物制品业	水泥	0.395
黑色金属冶炼及压延加工业	铬铁	1.3
	结晶硅	4.3
	其他铁	4.0
	焦炭（作为还原剂）	3.1
有色金属冶炼及压延加工业	焦炭（作为还原剂）	3.1

注：水泥的系数取自文献（Lei et al.，2011），其他系数取自《IPCC 指南》（IPCC，2006）。

第六章
基础模型应用案例

第一节　基于 EIO-LCA 模型的中国部门
温室气体排放结构研究[①]

中国已成为世界上主要的温室气体排放国（IEA，2009；WRI，2010）。2009 年 11 月国务院公布了中国的温室气体减排目标，即到 2020 年单位国内生产总值 CO_2 排放比 2005 年下降 $40\%\sim45\%$（国务院办公厅，2009）。由于中国人为温室气体排放量的 90% 以上来自产品和服务的生产阶段（中国国家气候变化对策协调小组，2004），因此深入分析温室气体排放在不同生产部门间的分布结构及其与最终需求的关系对减排政策的制定和减排目标的实现具有指导意义。

目前关于部门温室气体排放结构的研究可分为生产视角和需求视角两类。生产视角类研究关注特定地区行政边界内各部门的直接排放，核算方法以联合国政府间气候变化专门委员会（IPCC）的指南（IPCC，1997；IPCC，2006）为主。国际上主要的温室气体排放数据集大多采用《IPCC 指南》的参考方法或

---

① 来源：计军平，刘磊，马晓明. 基于 EIO-LCA 模型的中国部门温室气体排放结构研究. 北京大学学报（自然科学版），2011，47(4)：741-749.

部门方法(国家发展和改革委员会应对气候变化司,2009),如《联合国气候变化框架公约》(UNFCCC)数据集(UNFCCC,2009)、国际能源署(IEA)数据集(IEA,2009)、世界资源研究所(WRI)数据集(WRI,2010)及美国能源信息管理局(EIA)数据集(USEIA,2009)等。国内也有学者及研究机构基于《IPCC指南》对我国部分部门的温室气体排放进行了研究(张仁健等,2001;中国国家气候变化对策协调小组办公室与国家发展和改革委员会能源研究所,2007;Zhang et al.,2009;宋德勇和卢忠宝,2009;Guo et al.,2010)。不过,由于这类方法存在碳泄漏(carbon leakage)及排放公平性等问题(Peters and Hertwich,2008),因此有学者提出从需求视角研究各部门引起的隐含温室气体排放(Peters,2008)。需求视角的核算主要利用环境投入产出法(Leontief,1970;Miller and Blair,2009)核算各部门最终需求(最终消费)引起的隐含温室气体排放(直接排放及间接排放)(Brown and Herendeen,1996)。国际上已有学者对英国(Hetherington,1996)、澳大利亚(Lenzen,1998)、土耳其(Tunc et al.,2007)、印度(Parikh et al.,2009)等国的部门隐含排放以及国际贸易中(Machado et al.,2001;Rhee and Chung,2006;Ackerman et al.,2007;Maenpaa and Siikavirta,2007;McGregor et al.,2008)的隐含排放进行了研究。近年来我国学者开始关注隐含排放问题,研究集中在中国进出口贸易中各部门产品的隐含碳排放(齐晔等,2008;魏本勇等,2009;余慧超和王礼茂,2009;陈红敏,2009a;Guo et al.,2010;Yunfeng and Laike,2010),最近也有学者从部门最终需求的角度进行研究(Zhang and Chen,2010a)。

现有研究在分析部门温室气体排放结构时仍存在几个问题。首先,利用《IPCC指南》中的方法(IPCC,1997;IPCC,2006)虽然能核算特定部门的直接温室气体排放量,但无法回答这些排放与其他各部门的最终需求存在何种联系。其次,传统的环境投入产出法(Leontief,1970;Miller and Blair,2009)虽然可以计算某一部门最终需求引起的隐含温室气体排放量,但无法分析这些隐含排放在生产链各部门中的分布情况。最后,现有研究多从生产或需求单个视角分析部门温室气体排放结构,缺少整合两种视角的统一分析框架。

针对上述问题,本节利用中国2007年投入产出表和温室气体排放数据构建了经济投入产出生命周期评价(EIO-LCA)模型,在此基础上建立了中国2007年部门温室气体排放矩阵。从生产和需求两个视角分析温室气体排放在部门间的分布结构,包括:① 基于生产视角的部门直接温室气体排放结构以及电力、热力的生产和供应业的直接排放与其他部门最终需求的关系;② 基于需求视角的部门隐含温室气体排放结构以及建筑业的最终需求同各部门直接温室气体排放的关系;③ 部门单位产出的温室气体排放。

一、方法与数据

关于 EIO-LCA 模型的详细说明见本书第一章第二节。2007 年温室气体排放数据根据《IPCC 指南》(IPCC,2006)的参考方法进行估算。计算的温室气体种类为二氧化碳(CO_2)、甲烷(CH_4)和氧化亚氮(N_2O)。考虑了以下排放活动:① 能源活动,包括化石燃料燃烧的 CO_2 和 N_2O 排放、煤炭开采和矿后活动的 CH_4 排放、石油和天然气系统的 CH_4 逃逸排放。② 工业生产过程,包括水泥、石灰、钢铁、电石及合成氨生产过程中的 CO_2 排放。③ 农业活动,包括稻田 CH_4 排放、农田 N_2O 排放、动物消化道 CH_4 排放以及动物粪便管理的 CH_4 和 N_2O 排放。④ 城市废物处理,包括城市固体废物处置的 CH_4 排放、城市生活污水和工业污水的 CH_4 排放。结果显示,2007 年中国温室气体排放总量为 7946.9 Mt CO_2-eq (CO_2-eq 指 CO_2 当量),其中各部门生产直接排放 7703.4 Mt CO_2-eq,居民生活消费直接排放 243.5 Mt CO_2-eq。由于居民生活消费排放无法反映到投入产出表中(魏本勇等,2009;孙建卫等,2010),因此 EIO-LCA 模型没有包括这部分排放(Hendrickson et al.,2006),下文"三、部门温室气体排放分析"所提总量均指各部门直接排放量 7703.4 Mt CO_2-eq。

数据来源为《中国能源统计年鉴 2008》等统计年鉴(国家统计局和环境保护总局,2008;国家统计局能源统计司和国家能源局综合司,2008;中国钢铁工业协会,2008;中国化学工业年鉴编辑部,2008;中国建筑材料工业年鉴社,2008;中国农业年鉴编辑部,2008)以及相关的研究成果(张强等,2010),温室气体排放系数参考了国家发展和改革委员会(国家发展和改革委员会应对气候变化司,2009)及《中国温室气体清单研究》(国家气候变化对策协调小组办公室与国家发展和改革委员会能源研究所,2007)的数据。投入产出数据引自《中国投入产出表 2007》(国家统计局国民经济核算司,2009)(135 部门表)。为使投入产出表和能源统计年鉴的部门分类相对应,依据《国民经济行业分类与代码》(GB/T 4754-2002)合并了部分部门,调整后共有 43 个部门,见表 6-1。为便于表述,下文图表中使用表 6-1 中的序号代表相应的部门。

表 6-1　部门分类

序	部门	序	部门	序	部门
1	农、林、牧、渔、水利业	16	造纸及纸制品业	31	交通运输设备制造业
2	煤炭开采和洗选业	17	印刷业和记录媒介的复制	32	电气机械及器材制造业
3	石油和天然气开采业	18	文教体育用品制造业	33	通信设备、计算机及其他电子设备制造业
4	黑色金属矿采选业	19	石油加工、炼焦及核燃料加工业	34	仪器仪表及文化、办公用机械制造业
5	有色金属矿采选业	20	化学原料及化学制品制造业	35	工艺品及其他制造业
6	非金属矿及其他矿采选业	21	医药制造业	36	废弃资源和废旧材料回收加工业
7	农副食品加工业	22	化学纤维制造业	37	电力、热力的生产和供应业
8	食品制造业	23	橡胶制品业	38	燃气生产和供应业
9	饮料制造业	24	塑料制品业	39	水的生产和供应业
10	烟草制品业	25	非金属矿物制品业	40	建筑业
11	纺织业	26	黑色金属冶炼及压延加工业	41	交通运输业
12	纺织服装、鞋、帽制造业	27	有色金属冶炼及压延加工业	42	批发、零售贸易和餐饮业
13	皮革、毛皮、羽毛(绒)及其制品业	28	金属制品业	43	其他服务业
14	木材加工及木、竹、藤、棕、草制品业	29	通用设备制造业		
15	家具制造业	30	专用设备制造业		

　　本书对"直接排放"和"间接排放"的定义借鉴了 WRI 的定义(WRI, 2004)，区别在于本书定义针对经济部门，WRI 定义针对企业等组织机构。部门 i 的直接排放指产生在该部门边界内的排放，部门边界依据《国民经济行业分类与代码》(GB/T 4754-2002)界定。部门 j 的间接排放指该部门在生产中因使用其他部门 $i(i\neq j)$ 的产品或服务，而使部门 i 产生的排放。部门 j 的隐含排放指该部门为生产产品或提供服务而在整个生产链排放的温室气体(Brown and Herendeen，1996；齐晔等，2008)，包括直接排放和间接排放。

二、温室气体排放数据比较

本书估算的温室气体排放量与国内外主要数据集的比较见表 6-2。在各数据集中，国家发展和改革委员会公布的数字最为权威。由于 IEA 的数据与国家发展和改革委员会的数据最接近（指化石能源消费 CO_2 排放），这里采用 IEA 的 CO_2 排放数据来检验本书核算的数据。1994—2004 年中国 CO_2 排放量在温室气体排放总量中所占的比重由 76％增加到 83％（国家发展和改革委员会，2007a），假定到 2007 年增至 84％。根据 IEA 的化石能源消费 CO_2 排放数据（6027.9 Mt CO_2）（IEA，2009）以及工业生产过程 CO_2 排放数据（624.0 Mt CO_2，本书核算），推算中国 2007 年的温室气体排放总量为 7918.9 Mt CO_2-eq，该结果与本书的估算值 7946.9 Mt CO_2-eq 接近。

表 6-2　温室气体排放数据比较　　　单位：Mt CO_2-eq

数据来源	年份	CO_2	CH_4	N_2O	合计
国家发展和改革委员会	2004	5070[†]	720	330	6120
美国橡树岭国家实验室 CO_2 信息分析中心（CDIAC）	2004	5095.6[▽]	—	—	
	2006	6118.6[▽]	—	—	
世界资源研究所（WRI，2010）	2004	5060.1[▽]	—	—	
	2005	5623.1[▽]	853.3	684.1	7160.5
美国能源信息管理局（USEIA，2009）	2004	5131.8[#]	—	—	
	2007	6246.5[#]	—	—	
国际能源署（IEA，2009）	2004	4546.1[#]	—	—	
	2007	6027.9[#]	—	—	
本书估算值	2007	6684.6[⊥]	987.8	274.5	7946.9

注：# 化石能源消费排放；† 除化石能源消费外，还包含水泥、石灰及电石生产排放；▽ 除化石能源消费外，还包含水泥生产排放；⊥ 除化石能源消费外，还包含水泥、石灰、电石及合成氨生产排放。"—"表示无相应数据，各气体的当量值见文献（Forster et al.，2007）。

三、部门温室气体排放分析

1. 基于生产视角的部门直接温室气体排放

2007 年中国各部门的直接温室气体排放量见图 6-1。电力、热力的生产和供应业（以下简称"电力业"）的排放量最大，达到 2791.9 Mt CO_2-eq，占各部门总量的 36.24％。排放量最大的 5 个部门共排放温室气体

6233.4 Mt CO_2-eq，占总量的 80.92%（表 6-3）。这说明绝大部分温室气体排放产生自上述 5 个部门，其余 38 个部门的直接排放量之和仅占总量的 19.08%，因此从生产角度看应重点针对上述 5 个部门的生产制定减排政策，以控制生产中的直接温室气体排放。表 6-3 中电力业、黑色金属冶炼及压延加工业两个部门以化石能源消费产生的 CO_2 排放为主，非金属矿物制品业以水泥和石灰生产过程中的 CO_2 排放为主，农、林、牧、渔、水利业以农业活动中的 CH_4 和 N_2O 排放为主，煤炭开采和洗选业以煤炭开采中的 CH_4 排放为主。

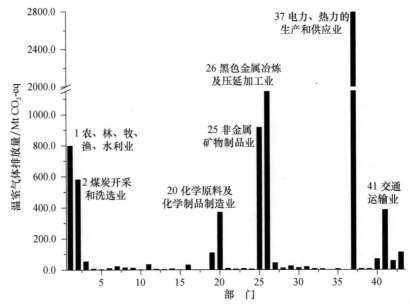

图 6-1 各部门直接温室气体排放量

表 6-3 直接温室气体排放的主要部门

部　门	直接排放量/Mt CO_2-eq	占各部门总量的比重/(%)
电力、热力的生产和供应业(37)	2791.9	36.24
黑色金属冶炼及压延加工业(26)	1147.1	14.89
非金属矿物制品业(25)	914.7	11.87
农、林、牧、渔、水利业(1)	799.4	10.38
煤炭开采和洗选业(2)	580.3	7.53
合计	6233.4	80.91

注：部门名称后括号内数字为该部门序号，见表 6-1，下同。

电力业的直接温室气体排放与其他部门最终需求的关系见图 6-2。该部门 93.91％的直接排放是为其他部门提供电力和热力而产生的。用电和用热量最大的前 13 个部门使电力业排放了 80.46％的温室气体,其中建筑业的使用量最大,由此产生的排放占电力业的 24.24％。因此,电力业温室气体减排与两个方面有关:一方面,电力业提高发电效率,控制发电过程中的温室气体排放;其次,其他部门提高用电效率,控制生产活动的用电量,尤其是建筑业,其他服务业,电力业以及通信设备、计算机及其他电子设备制造业等主要的用电部门。

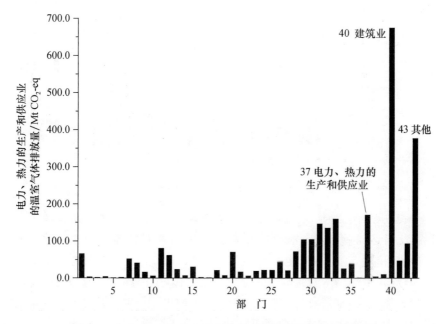

图 6-2　电力、热力的生产和供应业直接温室气体排放量分解

2. 基于需求视角的部门隐含温室气体排放

由于部门 j 在生产中需使用其他部门的产品和服务,因此该部门最终需求引起的温室气体排放不仅与部门 j 有关,还同生产链中的其他部门有关。2007 年中国各部门最终需求引起的隐含温室气体排放量见图 6-3。建筑业的隐含排放量最大,为 2295.1 Mt CO_2-eq,占各部门总量的 29.79％。隐含排放量最大的前 14 个部门共引起温室气体排放 6305.8 Mt CO_2-eq,占总量的 81.84％(表 6-4)。这说明绝大部分温室气体排放是由上述 14 个部门的最终需求引起的,其余 29 个部门引起的排放量之和仅占总量的

18.16%，因此从需求角度看应重点针对上述 14 个部门的最终需求制定减排政策，以控制因需求而引起的温室气体排放。

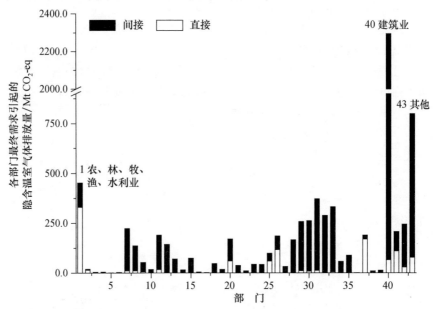

图 6-3　2007 年中国各部门最终需求引起的隐含温室气体排放量

表 6-4 中电力业，农、林、牧、渔、水利业，黑色金属冶炼及压延加工业以及交通运输业等 4 个部门的直接排放率（直接排放量占隐含排放量的百分比）超过 50%，其中电力业最高，达到 89.70%。这表明为满足最终需求，这几个部门本身排放了大部分温室气体，生产链中其他部门的排放较少。除批发、零售贸易和餐饮业外，表 6-4 中剩余 9 个部门的直接排放率均低于 10%，即绝大部分温室气体产生于生产链中的其他部门。

表 6-4　隐含温室气体排放的主要部门

部　　门	隐含排放量 /Mt CO₂-eq	占各部门总量 的比重/（%）	直接排 放率/（%）
建筑业（40）	2295.1	29.79	2.90
其他服务业（43）	800.4	10.39	9.89
农、林、牧、渔、水利业（1）	452.5	5.87	72.76
交通运输设备制造业（31）	373.2	4.84	3.51
通信设备、计算机及其他电子设备制造业（33）	332.6	4.32	1.57
电气机械及器材制造业（32）	288.3	3.74	1.23

续表

部 门	隐含排放量/Mt CO₂-eq	占各部门总量的比重/(%)	直接排放率/(%)
专用设备制造业(30)	262.1	3.40	3.48
通用设备制造业(29)	259.0	3.36	4.37
批发、零售贸易和餐饮业(42)	244.6	3.18	11.90
农副食品加工业(7)	223.5	2.90	5.11
交通运输业(41)	208.1	2.70	53.19
纺织业(11)	190.5	2.47	9.13
电力、热力的生产和供应业(37)	189.7	2.46	89.70
黑色金属冶炼及压延加工业(26)	186.2	2.42	63.36
合计	6305.8	81.84	—

建筑业的最终需求同各部门直接温室气体排放的关系见图 6-4。该部门最终需求引起的排放中 97.10% 产生于其他部门。生产链中排放量最大的电力业、非金属矿物制品业、黑色金属冶炼及压延加工业以及煤炭开采和洗选业等 4 个部门产生的温室气体量占建筑业隐含排放量的 84.71%。因此,控制建筑业最终需求引起的温室气体排放存在两个关键点:一是提高建筑业原材料使用效率,在最终需求不变的情况下减少主要原材料的使用量;二是对生产链中 4 个主要的排放部门进行技术升级,以控制这几个部门在生产中直接排放的温室气体量。

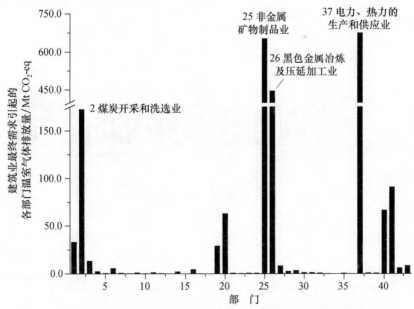

图 6-4 建筑业最终需求引起的隐含温室气体排放量分解

3. 部门单位产出的温室气体排放

从万元产出的直接排放量看,电力业、煤炭开采和洗选业、非金属矿物制品业是排放量最大的 3 个部门(见图 6-5),其值分别为 8.87 t CO_2-eq/万元、6.02 t CO_2-eq/万元和 4.01 t CO_2-eq/万元,而其余大多数部门的排放量在 0.50 t CO_2-eq/万元以下。从万元产出的隐含排放量看,电力业、煤炭开采和洗选业以及非金属矿物制品业仍是排放量最大的 3 个部门(见图 6-5),其值分别为 9.88 t CO_2-eq/万元、7.86 t CO_2-eq/万元和 6.50 t CO_2-eq/万元,直接排放率为 89.70%、76.57% 及 61.67%。其余大多数部门的隐含排放量在 2.00 t CO_2-eq/万元左右,以间接排放为主。因此,就温室气体减排而言应重点针对电力业、煤炭开采和洗选业以及非金属矿物制品业采取措施,提高资源利用效率,降低单位产出的温室气体排放量。

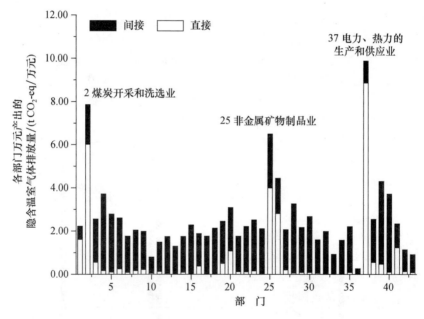

图 6-5 各部门万元产出的隐含温室气体排放

四、结论及不足

1. 结论

以往的研究多从生产或需求单个视角分析部门温室气体排放结构。本书基于中国 2007 年 EIO-LCA 模型构建了部门温室气体排放矩阵,将两个视角整合在同一个分析框架内,能更好地认识温室气体排放与部门生产和最终需求的关系。在此基础上,本书从三方面进行了分析,即基于生产视角的部门直接温室气体排放、基于需求视角的部门隐含温室气体排放以及部门单位产出的温室气体排放。结论如下:

(1)从部门生产角度看,直接排放量最大的 5 个部门共排放温室气体 6233.4 Mt CO_2-eq,占总量的 80.92%。电力、热力的生产和供应业的排放量最多,占总量的 36.24%,该部门 93.91% 的排放量因给其他部门提供电力和热力而产生,其中对建筑业的投入最大,由此产生的排放占该部门排放的 24.24%。

(2)从部门需求角度看,隐含排放量最大的前 14 个部门共引起温室气体排放 6305.8 Mt CO_2-eq,占总量的 81.84%,其中建筑业的隐含排放最多,占总量的 29.79%,而电力、热力的生产和供应业的直接排放率最高,为 89.70%。建筑业 97.10% 的隐含排放量由生产链中的其他部门产生,其中电力、热力的生产和供应业、非金属矿物制品业、黑色金属冶炼及压延加工业以及煤炭开采和洗选业 4 个部门产生的排放量共占建筑业隐含排放量的 84.71%。

(3)从单位产出的排放看,电力业、煤炭开采和洗选业以及非金属矿物制品业是万元产出隐含排放量最大的 3 个部门,分别达到 9.88 t CO_2-eq/万元、7.86 t CO_2-eq/万元和 6.50 t CO_2-eq/万元,且均以直接排放为主。

2. 不足

本研究还存在两方面不足。首先,部门的分类较粗。由于温室气体排放数据的限制,本书将投入产出表合并为 43 个部门。不过有研究表明,部门分类水平对隐含温室气体排放的结果影响较大,分类细化后结果更合理(陈红敏,2009b)。其次,未计算我国因进口产品而引起出口国产生的温室气体排放量。这主要有两个原因:一是难以获取所有贸易国的投入产出表,二是我国投入产出表仅将进口汇总为一列,难以计算各部门对不同进口产品的使用量。针对第一个问题,现有文献通常采用某一国的数据代表所有贸易国的情况(齐晔等,2008;魏本勇等,2009;Yunfeng and Laike,2010;孙建卫等,2010),但这种方法的结果仅反映进口产品隐含排放的大概值,精确度不高。针对第二个问题,有学者基于"某部门对进口产品的使用量与该部门的总需求成正比"的假设进行了估算(魏本勇等,2009;余慧超和王礼茂,2009),但这种方法的结果与实际情况的符合程度尚待验证。

第二节　基于 EIO-LCA 模型的纯电动轿车
温室气体减排分析[①]

　　人为温室气体排放是引起全球气候变化的重要原因。目前交通部门使用的燃料以汽油和柴油为主，其排放的温室气体约占人为排放总量的13%（IPCC，2007）。为减少交通部门的排放，低排放和零排放的车用替代能源成为研究热点。由于电力在使用过程中并不排放温室气体，纯电动汽车受到广泛关注。不过从生命周期的角度看，车用电力引起的温室气体排放是否低于普通车用燃料的排放仍存在争议。部分研究认为，与普通汽油车相比，纯电动汽车能减少温室气体排放（张阿玲等，2009；Holdway et al.，2010；Ou et al.，2010；Ou et al.，2010；欧训民等，2010）。然而，世界自然基金会德国分部的分析报告（Horst et al.，2009）指出，使用旧式燃煤电厂电能的电动汽车比普通柴油汽车排放更多 CO_2。有研究（Huo et al.，2010）核算我国纯电动汽车燃料周期的温室气体排放量，认为纯电动汽车目前暂不能实现有效减排。我国《节能与新能源汽车产业发展规划（2012—2020）》（中国工业和信息化部，2011）将纯电动汽车定为汽车工业转型的战略取向。纯电动轿车作为纯电动汽车的重要类型，研究其燃料周期的温室气体排放，对于新能源汽车的发展和交通部门的减排决策具有指导意义。

　　目前，国内外学者主要使用 GREET 模型对车用燃料进行生命周期评价。清华大学建立了 Tsinghua-CA3EM 模型（张阿玲等，2009；Ou et al.，2010；欧训民等，2010），适用于我国车用电力生命周期评价。然而，传统的生命周期评价首先需要明确划定系统边界，集中研究边界内的环境影响。因此只有直接的和少数间接的排放被考虑在内，结果存在截断误差（Lenzen，2001）。通常研究纯电动轿车燃料周期的温室气体排放只计算车用电力生产的直接排放，未包含开采、运输原料等器械的生产过程的二次间接排放及更上游环节，因此研究范围不广泛。若将边界范围扩大，则必导致计算量大幅增加，需投入的人力、物力资源更多。而众多研究案例表明，发生在系统边界外的环境影响往往是不容忽视的（Suh et

---

　　① 来源：黄颖，计军平，马晓明.基于 EIO-LCA 模型的纯电动轿车温室气体减排分析.中国环境科学，2012，32（5）：947-953.

al.,2003)。为克服上述问题,国外已有学者结合经济投入产出模型对汽车燃料周期的温室气体排放进行研究(Matsuhashi et al.,2000;Hendrickson et al.,2006),而国内对此研究不多。

本书针对普通汽油轿车与纯电动轿车,使用中国温室气体排放 EIO-LCA 模型,分别核算燃料周期的温室气体排放量。通过两种轿车温室气体排放的对比,得出纯电动轿车的减排效率;基于模型计算结果,分析与汽油轿车和纯电动轿车燃料周期温室气体排放最相关的行业;并将此研究结果与传统生命周期方法所得结果对比分析。

一、研究方法

1. 生命周期分析框架

汽车的全生命周期包括燃料周期(燃料上游与燃料使用阶段)与车辆周期(车辆制造、车辆运行与车辆后处理)两部分,如图 6-6 所示。

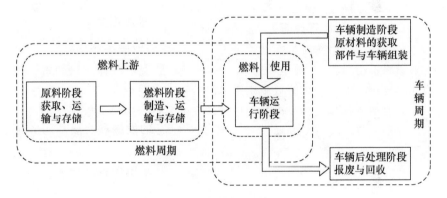

图 6-6 汽车全生命周期阶段

国内外目前普遍采用从"油井到车轮"(WTW)评价法,这种分析方法侧重于研究燃料周期,未考虑车辆周期的影响。主要原因是汽车燃料周期的能源消费和温室气体排放约占整个生命周期的 70% 以上(张阿玲等,2009),且不同的技术路线相差不大。所以,主要研究汽车燃料周期的温室气体排放,可简化研究的复杂度。燃料周期包括 2 个主要阶段:从油井到油箱(WTT)和从油箱到车轮(TTW)。WTT 研究对象是车用燃料的上游生产阶段,包括一次能源开采,一次能源运输,燃料生产,燃料运输、分配和储存以及燃料加注过程(张阿玲等,2009)。但此研究中并不根据燃料生产过程依次计算各环节的温室气体排放,而是将燃料上游阶段的边界扩大到整个经济系统,得出各经济部门为支撑燃料生产所产生的间接排放。TTW 研究对象是车用燃料的下游阶段,也就是汽车行驶中燃料使用产生的排放。

在 WTT 阶段,运用中国 2007 温室气体排放 EIO-LCA 模型(计军平等,2011),计算得到汽油轿车与纯电动轿车的温室气体排放量;在 TTW 阶段,纯电动轿车并不产生排放,使用排放因子方法计算汽油轿车行驶单位路程所耗燃料的直接排放。最后综合得到 WTW 阶段温室气体排放总量。

2. EIO-LCA 方法

EIO-LCA 方法是以经济投入产出表为基础的扩展的生命周期评价方法。该方法解决了传统生命周期评价面对的问题:① 边界定义,由于各行业与其他所有行业的交易和排放都包括在内,其边界为整个经济系统;② 避免了评价过程只有单一供给链,分析中包括各行业自身交易,使研究完整的同时未引起重复计算(Hendrickson et al.,2006)。关于 EIO-LCA 方法的详细说明见本书第一章第二节。

3. 排放因子方法

燃料下游阶段中,纯电动轿车行驶并不排放温室气体。汽油轿车使用 93 号汽油,温室气体排放量由燃料消费量乘以排放因子得出,公式为

$$温室气体排放量=汽油消费量×汽油温室气体排放因子 \qquad (6\text{-}1)$$

分别核算 CO_2、CH_4 和 N_2O 三种温室气体的排放量后转化为 CO_2 当量,加和得到汽油车 TTW 温室气体排放总量。

二、研究数据

此研究的假定情景为中国 2007 年经济与技术水平,因此采集轿车性能与物价等相关数据,均基于 2007 年水平。中国 2007 温室气体排放 EIO-LCA 模型中投入产出数据引自《中国投入产出表 2007》(135 部门表)。为使投入产出表和能源统计年鉴的部门分类相对应,依据《国民经济行业分类与代码》(GB/T 4754-2002)合并了部分部门,调整后共有 43 个部门(计军平等,2011)。模型中,各产品部门的温室气体排放量根据《IPCC 指南》(IPCC,2006)的参考方法进行估算,包括的温室气体种类为 CO_2、N_2O、CH_4。具体估算方法见本书第六章第一节。

汽油轿车与纯电动轿车均选定普通级轿车。根据国内车用燃料性质以及 2007 年大城市实际工况的燃油经济性,确定普通汽油轿车的油耗为 8.5 L/100 km。参照国家 863 计划"节能与新能源汽车"重大项目中,电

动汽车新型整车技术研发有关纯电动轿车各项技术指标指南(中国科技部现代交通技术领域办公室,2006)及有关电动轿车性能的报道,再考虑充电损失(中国电力联合会,2007),从充电端计耗电情况,确定纯电动轿车的经济性为 0.22 kW·h/km。

中国 2007 年 93 号汽油成本价参考国家发展和改革委员会油价调控文件,价格加权平均为 5.073 元/kg,电力价格使用国家电力监管委员会公布的上网电价(国家电力监管委员会,2008)为 0.336 元/(kW·h)。各温室气体的排放因子均使用 IPCC 公布值(IPCC,2006),取各燃料排放因子的 95% 置信区间下限值。文中使用的具体参数如表 6-5 所示。

表 6-5 各项参数明细

参 数	汽油轿车	纯电动轿车
经济性	0.085 L/km	0.22 kW·h/km
能源价格	5.073 元/L	0.336 元/(kW·h)
汽油密度	725 g/L	—
汽油低热值	43070 kJ/kg[*]	—
汽油 CO_2 排放因子	67500 kg/TJ[#]	—
汽油 CH_4 排放因子	1.1 kg/TJ[#]	—
汽油 N_2O 排放因子	1.9 kg/TJ[#]	—

注:[*]国家统计局能源统计司和国家能源局综合司(2008);[#] IPCC(2006)。

三、结果与分析

1. 两种轿车温室气体排放量对比

WTT 阶段,汽油轿车温室气体排放量为 85 g CO_2-eq/km,纯电动轿车为 124 g CO_2-eq/km。TTW 阶段,汽油轿车 TTW 温室气体排放总量为 180 g CO_2-eq/km。轿车评价结果对比见表 6-6。

WTT 阶段,纯电动轿车的温室气体排放高于汽油轿车,纯电动轿车的温室气体排放只发生在此阶段。汽油轿车在 TTW 阶段的温室气体排放比 WTT 阶段高,占整个燃料周期排放的 68%。汽油轿车燃料周期的 CH_4 排放主要在 WTT 阶段,N_2O 排放主要在 TTW 阶段。

表 6-6　汽油轿车与纯电动轿车燃料周期温室气体排放

单位：g CO$_2$-eq/km

项　　目	汽油轿车		纯电动轿车	
	WTT	TTW	WTT	TTW
CO$_2$	70	179	114	—
CH$_4$	14	0	8	—
N$_2$O	1	1	2	—
GHG 总量	85	180	124	—
WTW	265		124	

注：四舍五入。

综合看来，在中国 2007 年经济与技术水平下，从燃料周期角度，纯电动轿车与汽油轿车相比，温室气体减排率为 53%，表现出良好的减排效率。若轿车每年行驶 1×10^4 km，则每辆汽油轿车全年温室气体排放约为 2.65 t，而每辆纯电动轿车年均排放温室气体约为 1.24 t。即在 2007 年水平下，每辆纯电动轿车一年能减少温室气体排放约 1.41 t。

随着中国经济和技术水平的发展以及能源结构的调整，电动轿车的车用电力温室气体排放必将会进一步下降。若使纯电动轿车制造、使用规模化，无疑对降低中国交通行业温室气体减排有重大意义。

2. 各行业与两种轿车 WTT 阶段温室气体排放的相关性分析

表 6-7 的计算结果包含经济系统中各经济部门为支撑生产两种轿车的车用燃料所排放的温室气体量。可见，汽油轿车与纯电动轿车 WTT 阶段温室气体排放最高的前 4 个行业，分别占两种轿车 WTT 阶段排放量的 84% 以上。

汽油轿车 WTT 阶段电力行业和煤炭行业温室气体的高排放，是因为汽油制造过程中需消耗大量电力能源提供动力，同时生产汽油使用的蒸气锅炉以煤为主要燃料，且燃煤效率约为 80%，而世界平均水平为 90%（Ou et al.，2010）。石油和天然气开采业与石油加工、炼焦及核燃料加工业两个行业的各个工艺对应的是汽油开采制造的主要过程，温室气体排放量也较高。

WTT 阶段为燃料生产过程，纯电动轿车燃料周期温室气体排放相当于电力生产的全生命周期排放。中国的能源结构以煤为主，根据中国能源统计年鉴，2007 年中国燃煤发电量占中国电力的 80% 以上。煤的碳含量高于天然气和石油,在提供等量的能源时排放更多 CO_2,因此电力行业直接排放很高。除电力行业自身,与其最相关的为煤炭开采和洗选业,由于煤为供应发电的主要能源,因此与电力行业的相关度非常高。其次为黑色金属冶炼及压延加工业,因为电力生产中需要钢铁(黑色金属)制造设备、工具,而在中国冶炼加工黑色金属主要以煤为燃料,从而导致排放大量温室气体。中国交通运输的能源需求相对较高,高能耗则引起高排放,因此交通运输行业也成为影响纯电动轿车排放的主要行业之一。

轿车的 CH_4 排放主要集中在煤炭开采和洗选业,此行业排放的 CH_4 分别占汽油轿车与纯电动轿车 WTT 阶段温室气体排放的 18% 与 7%。主要由于汽油和电力生产都与煤炭行业相关度很高,煤炭开采过程中 CH_4 的泄漏占据了 CH_4 排放的很大部分(狄向华等,2005)。而 N_2O 对于两种轿车 WTT 阶段温室气体排放的贡献很小。

表 6-7 与 WTT 阶段温室气体排放相关的前 4 个行业的温室气体排放量

单位: g CO_2-eq/km

汽油轿车					纯电动轿车				
行业	CO_2	CH_4	N_2O	GHG	行业	CO_2	CH_4	N_2O	GHG
电力、热力的生产和供应业	31	0	1	32	电力、热力的生产和供应业	110	0	2	112
石油加工、炼焦及核燃料加工业	18	0	0	18	煤炭开采和洗选业	1	8	0	9
煤炭开采和洗选业	2	13	0	15	黑色金属冶炼及压延加工业	1	0	0	1
石油和天然气开采业	6	1	0	7	交通运输业	0	0	0	0
总计	57	14	1	72	总计	112	8	2	122

3. 与传统生命周期评价结果对比

(1) WTT 阶段结果对比

整理相关研究结果(申威等,2007;陈胜震和陈铭,2008;张阿玲等,2009;Holdway et al.,2010;Ou et al.,2010;Yan and Crookes,2010;欧训民等,2010),将必要参数与本书统一,主要包括汽车的经济性、汽油密度、低热值等,见表 6-8。

表 6-8　WTT 阶段的温室气体排放总量计算结果与国内其他研究结果对比

单位：g CO_2-eq/km

	汽油轿车	纯电动轿车
其他研究	50～80	110～220
本书	85	124

　　对于传统生命周期评价，由于存在划分系统边界的问题，并且难以获取生命周期各个过程详细的清单数据，因此各研究的结果相差较大，见表6-8。对于汽油轿车，EIO-LCA 模型评价结果大于传统生命周期评价结果。传统生命周期评价通常将汽油轿车 WTT 阶段（即汽油制造）划分为原油开采，原油运输，汽油生产，汽油运输、分配和储存以及汽油加注几个过程，逐一计算各个过程的温室气体排放。不过，系统边界划分并未计算采油器械等金属制品的生产引起的温室气体排放，也并未考虑所有电力引起的温室气体排放。因此，计算结果仅包含部分的间接排放，系统完整性较差。

　　上述传统生命周期评价忽略的因素，在 EIO-LCA 模型中对应于电力、热力的生产和供应行业与黑色金属冶炼及压延加工业这两个行业。根据 EIO-LCA 模型的结果，上述两个行业分别占汽油轿车 WTT 阶段排放的 38% 与 6%。传统生命周期评价划分评价系统边界后，并不能完全考虑生产汽油引起的这两个行业的排放。因此，传统生命周期评价方法得出汽油轿车 WTT 阶段的温室气体排放普遍偏低，EIO-LCA 模型包含的影响因素更全面，评价结果更接近实际情况。

　　对于纯电动轿车，EIO-LCA 模型评价结果在传统生命周期评价结果数值范围内。传统生命周期评价各计算结果存在较大差异，这是因为供应电力生产的一次能源种类有区别。全部考虑为煤电的计算结果偏大，而煤电比重过小或划分系统边界不广泛时则计算结果较低；且煤电生产工艺不同也会影响计算结果（张阿玲等，2009）。传统生命周期评价通常逐一计算车用电力生命周期各个过程的温室气体排放，但由于参数复杂且不统一等问题，各研究所得结果差距较大，较难准确计算出各种电力来源以及煤电各种生产工艺的温室气体排放。而 EIO-LCA 模型摆脱了复杂的参数，解决了系统边界划分的问题，包含整个经济系统，在此层面，计算结果较准确。

　　（2）TTW 阶段结果对比

　　TTW 阶段只有汽油轿车行驶时燃料燃烧引起的直接排放。根据相关研究（申威等，2007；陈胜震和陈铭，2008；张阿玲等，2009；Holdway et al.，2010；Ou et al.，2010；Ou et al.，2010；Yan and Crookes，2010；欧训民等，2010），传统生命周期评价中汽油轿车 TTW 温室气体排放为 180～200 g CO_2-eq/km，与本书所得 180 g CO_2-eq/km 基本一致。

4. 纯电动轿车温室气体减排途径

各行业与纯电动轿车燃料周期温室气体排放的相关性分析表明，影响纯电动轿车排放的行业主要包括电力、热力的生产和供应业（90％）与煤炭开采和洗选业（7％）。因此，纯电动轿车燃料周期温室气体减排方案，首先考虑优化电力行业能源结构，提高整个电网的综合效率，优化电源配置，提高电力装备和运输水平，整体向低碳、高效、环保的能源系统转变。发展智能电网（陈树勇等，2009），也可为我国电力行业在减少能源消耗、降低温室气体排放方面提供有效路径。而且，我国以燃煤发电为主，应继续提高煤炭燃烧效率，探索 CCS 技术的使用（张阿玲等，2009）。其次，煤炭开采中 CH_4 的排放也占较大比例，提高煤炭开采技术，降低开采过程中 CH_4 泄漏也能对减少温室气体排放有较好效果。

四、结论

（1）WTT 阶段，纯电动轿车温室气体排放总量为 124 g CO_2-eq/km，汽油轿车为 85 g CO_2-eq/km；在 TTW 阶段，汽油轿车温室气体排放总量为 180 g CO_2-eq/km，纯电动轿车不排放温室气体。从燃料周期角度看，纯电动轿车的总体减排效率为 53％，具有明显的减排优势，可以促进低碳交通的发展，对中国的减排具有重大意义，值得使用与推广。

（2）与传统评价方法得出的两种轿车温室气体排放相比，本书的研究结果表明汽油轿车 WTT 阶段温室气体排放量较大，这是由于传统生命周期评价方法没有包含对电力消耗与黑色金属制品使用引起的潜在排放，计算结果偏小。传统生命周期评价得出的纯电动轿车燃料周期温室气体排放互相差距较大，此研究结果在其范围内。

（3）与纯电动轿车燃料周期温室气体排放相关度高的行业主要为电力、热力的生产和供应业与煤炭开采和洗选业。因此减少纯电动轿车温室气体排放的主要途径为优化电力行业的一次能源结构、提高电网综合效率等。

不过，此研究未包含汽车的车辆周期。综合计算车辆周期的温室气体排放，可以得到全生命周期温室气体排放结果；同时可加入汽车的能源消耗和经济效益研究，全面评价其环境经济损益，更好地促进汽车行业的可持续发展。

第三节　基于 EIO-LCA 模型的燃料乙醇生命周期温室气体排放研究[①]

人为温室气体排放是造成全球变暖的重要原因。目前交通部门使用的燃料以汽油和柴油为主，其排放的温室气体约占人为排放总量的 13.1%（Bernstein et al.，2007）。为减少交通部门的排放，低温室气体排放的车用替代燃料成为研究热点。燃料乙醇作为一种潜在的低排放车用替代燃料受到广泛关注，不过对于燃料乙醇是否能在整个生命周期内减少温室气体排放仍存在争议（Barnett，2010）。因此，研究燃料乙醇的生命周期排放对交通部门的温室气体减排决策具有指导意义。

现有文献主要采用过程生命周期评价（PLCA）方法对燃料乙醇的生命周期排放进行研究。浦耿强等建立了我国燃料乙醇生命周期影响评价和优化模型（浦耿强等，2002；浦耿强等，2004），也有学者利用生命周期理论以及 GREET 模型评价了第一、二代燃料乙醇的能耗和温室气体排放情况（Nguyen et al.，2007；Bright and Stromman，2009；欧训民，2010）。不过，过程生命周期评价法存在边界问题，即只有直接的和少数间接的排放被考虑在内，结果存在截断误差（Lenzen，2001）。另外，为获取详细的清单数据，投入的人力、物力资源较大（Curran，1996）。针对上述问题，国际上有学者开始使用经济投入产出生命周期评价（EIO-LCA）与过程生命周期评价相结合的方法对燃料乙醇的温室气体排放进行研究（MacLean et al.，2000；Chester and Martin，2009；Baral and Bakshi，2010）。国内也有学者采用该方法研究了我国乙醇汽油混合燃料（E10 燃料）的排放问题（戴杜等，2006），但该研究采用了美国国家排放清单数据，因此结果并不完全适用于中国。另外，间接排放对于燃料乙醇的生命周期排放具有重要影响（Melillo et al.，2009），但现有文献对此研究不多。

本书试图基于中国 EIO-LCA 模型建立核算燃料乙醇生命周期温室气体排放的混合评价模型。通过使用中国的投入产出表和排放数据，反

---

　　①　来源：李小环，计军平，马晓明. 基于 EIO-LCA 模型的燃料乙醇生命周期温室气体排放研究. 北京大学学报（自然科学版），2011，47(6)：1081-1088.

映中国燃料乙醇生产链的技术水平;利用建立的模型对木薯乙醇的生命周期排放进行核算,并从生命周期各阶段的直接和间接排放、间接排放在生产链各部门中的分布、与传统汽油生命周期排放的比较等三个方面进行分析。

一、研究方法

1. 生命周期框架

生命周期评价指分析一项产品在生产、使用、废弃及回收再利用等各阶段造成的环境影响,包括能源使用、资源消耗、污染物排放等(ISO,1997)。该方法包含四个部分,分别是目标和范围定义、清单分析、影响评价和结果解释。本书中燃料乙醇系统分为原料种植、燃料生产、运输、燃烧/车辆使用等过程(张艳丽等,2009),见图 6-7。传统汽油的系统边界包括原油开采、运输、汽油生产、燃烧/车辆使用等过程(张阿玲等,2008)。

文中核算的燃料乙醇生命周期的温室气体排放包括直接排放和间接排放。如图 6-8 所示,直接排放指产品使用过程中产生的排放,本书中主要包括能源燃烧和施用氮肥导致氮肥效应产生的排放;间接排放指燃料乙醇获取过程中在生产链各部门引起的排放,即生产燃料乙醇需要投入产品 i,生产 i 的过程中引起排放同时又需要投入产品 j,以此类推(i 和 j 都属于 43 个部门),则间接排放为所有这些上游阶段的排放之和。

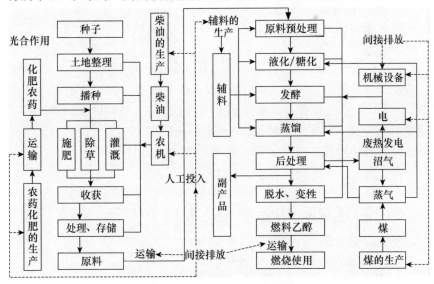

图 6-7　燃料乙醇的生命周期框架图

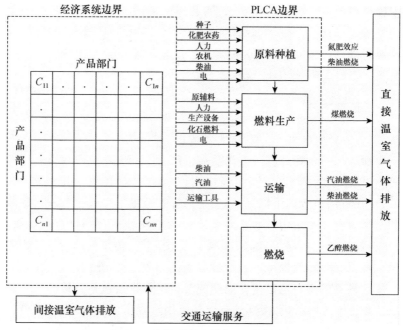

图6-8 直接排放和间接排放的界定

2. EIO-LCA 模型

关于 EIO-LCA 模型的详细说明见本书第一章第二节。

3. 混合生命周期评价

混合生命周期评价法将 PLCA 和 EIO-LCA 整合在同一分析框架内
（Treloar，1997；Suh and Huppes，2002），既保留了 PLCA 具有针对性
的特点，又避免了截断误差，同时也能有效利用已有的投入产出表，减少
了温室气体核算过程中的人力、物力投入。根据数据的可获取性和准确
性，本书中各阶段的直接排放采用 PLCA 法计算，原料种植、乙醇生产、
运输三个阶段的间接排放使用 EIO-LCA 法计算。全生命周期的温室气
体排放为各子阶段的直接和间接排放之和，通过式(6-2)计算：

$$GHG_{hybrid} = GHG_{EIO} + GHG_{P} \qquad (6-2)$$

其中，GHG_{hybrid} 为燃料乙醇生命周期排放的温室气体量，GHG_{EIO} 为 EIO-
LCA 法计算的排放量，GHG_{P} 为 PLCA 法计算的排放量。

二、研究数据

1. 数据来源

中国 2007 年 43 个产品部门的温室气体排放量根据《IPCC 指南》

(IPCC, 2006)的参考方法进行估算。计算的温室气体种类为 CO_2、CH_4 和 N_2O。考虑的排放活动为能源使用、工业生产过程、农业生产及城市废物处理四类。具体估算方法见本书第六章第一节。

木薯燃料乙醇(以下简称木薯乙醇)混合生命周期评价过程中,CH_4 和 N_2O 的直接排放系数、化肥农药生产过程中的碳排放系数及氮肥效应参考文献(欧训民,2010)。2007 年我国公路运输货车每百吨千米消耗柴油 6.3 L(交通部,2008)。木薯乙醇生产过程中产生的副产品主要为酒糟蛋白饲料(DDGS)和 CO_2,根据戴杜等的研究(Dai et al., 2006),副产品所占比例取为 18.06%。运输阶段包括化肥农药、原料、燃料的运输,运输距离数据引自文献(Dai et al., 2006),其他数据见表 6-9。

表 6-9 木薯乙醇生命周期评价所用参数

以 1 t 燃料为单位	投入量	单 价	总价/元
种子块茎	3.38 kg[1]		197.95[2]
N、P、K 肥	22.56、22.56、45.11kg[1]		
农药	6.77kg[1]		73.16[2]
农机耗柴油	9.9L[1]	5.54 元/L[3]	54.85
电	0.69kW·h[1]	0.32 元/(kW·h)[3]	0.22
煤	0.72kg[2]	453 元/t	326.16
电	2.3kW·h[2]	0.676 元/(kW·h)[3]	1.55
水	12 m³[2]	1.61 元/m³[3]	19.32
酶制剂等			79.25[2]
化学辅料			327.38[2]
农业机械及乙醇生产设备			160.26[2]
人工	9854/10⁵ 人[2]	500 元/月/人[4]	492.7
运输耗柴油	66.35kg[1]	4580 元/t[3]	303.88

注:以 2007 年出厂价为基准,其他年份价格利用价格指数折算成 2007 年价格。[1] Dai et al.(2006);[2] 冷如波(2007);[3] 国家统计局(2008);[4] 广西壮族自治区人民政府(2007)。

传统汽油混合生命周期评价过程中,2007 年汽油的出厂价格取 4980 元/t(国家发展和改革委员会,2007b),柴油为 4580 元/t(国家统计局,2008)。汽油的运输阶段仅指从汽油厂运输到加油站并假定与乙醇厂到加油站的距离相同,故运输阶段的柴油消耗量为 24.12 kg/t 汽油。

2. 数据处理

首先，计算各阶段的直接温室气体排放量。燃料 j 燃烧排放的 CO_2 通过碳平衡式(6-3)计算(Wang，1999)，参数引自欧训民(2010)：

$$CE_j = 44/12 \times CC_j \times FOR_j \qquad (6-3)$$

其中，CE_j 是燃料 j 的 CO_2 排放系数($g\ CO_2$/kg 燃料)，44/12 是从 C 到 CO_2 的转化系数，CC_j 是燃料 j 的含碳量百分比，FOR_j 是燃料 j 的燃料氧化率。煤假定为经洗选后的精煤，木薯乙醇燃烧只考虑 CO_2 的排放，其氧化率假定与汽油的相同，为 0.98。

根据欧训民(2010)和 Wang (1999)的研究，约 2% 的施氮量会生成 N_2O。N_2O 的排放量通过式(6-4)计算：

$$C_{N_2O} = N \times 2\% \times 44/28 \qquad (6-4)$$

其中，C_{N_2O} 为施用氮肥排放的 N_2O 量，N 为氮肥施用量。

其次，计算各阶段的间接温室气体排放量。燃料乙醇对应的部门是酒精及酒的制造业，而 EIO-LCA 模型(计军平等，2011)将酒精和酒的制造业、软饮料及精制茶加工业合并为酒精及饮料制造业，因此部门合并误差较大，需要根据生产的供应链进行工艺拆分。另外，由于"化学原料及化学制品制造业"合并了原投入产出表的基础化学原料制造业，肥料制造业，农药制造业，涂料、油墨、颜料及类似产品制造业，合成材料制造业，专用化学产品制造业以及日用化学产品制造业 7 个部门，此合并存在一定的误差，因此原料种植阶段施用化肥和农药引起的间接排放采用 PLCA 计算，排放系数引自文献(欧训民，2010)。

再次，木薯种植阶段通过光合作用吸收的碳在其整个生命周期中形成一个闭路循环，图 6-9 所示的是以 1 MJ 木薯乙醇为基准的光合作用碳循环。根据方精云等(2007)的研究，由公式(6-5)计算出生产 1 t 乙醇所需要的木薯在种植阶段吸收碳 1.68 t，即 228.2 $g\ CO_2$/MJ 木薯乙醇，仅将其中转换到乙醇中的碳计入生命周期，即 70.9 $g\ CO_2$/MJ 木薯乙醇

$$C = 0.45B = (1 - W) \times P/E \qquad (6-5)$$

其中 B 为作物生物量；W 为作物经济产量的含水率[木薯干片含水率 13%，淀粉含量 75% (Dai et al.，2006)]；P 为作物经济产量；E 是收获系数，取 0.7(方精云等，2007)，即经济产量与生物产量之比。

最后，将研究中涉及的三种温室气体(CO_2、CH_4 和 N_2O)按照各自的全球增温潜势(GWP)折算成 CO_2 当量，以 $g\ CO_2$-eq 表示。上述气体的 GWP 值分别为 1、25 和 298(Forster et al.，2007)。

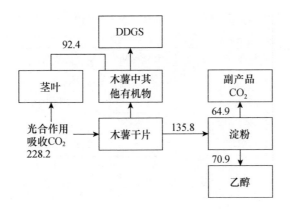

图 6-9 光合作用的碳循环(单位：g CO$_2$/MJ 木薯乙醇)

三、结果与讨论

1. 木薯乙醇生命周期温室气体排放分析

在上述理论分析的基础上，计算出木薯乙醇生命周期各阶段的温室气体排放结果，见表 6-10。

（1）各阶段排放结果分析

由于多数研究在各阶段分析时未计算光合作用的温室气体排放（浦耿强等，2002；浦耿强等，2004；戴杜等，2006），为便于同相关研究进行比较，此小节未将光合作用的排放算入木薯乙醇生命周期的排放总量。

木薯乙醇生命周期温室气体排放总量为 167.1 g CO$_2$-eq/MJ 木薯乙醇，其中乙醇生产和燃烧阶段的排放占排放总量的 78.9%，原料种植占 14.3%（此阶段的排放主要来自化肥农药的生产和使用，占种植阶段总排放的 74.5%），其他占 6.8%。从直接和间接排放看，直接排放占排放总量的 77.9%，间接排放占 22.1%。乙醇生产和燃烧是直接排放的主要来源，占 89.6%。原料种植和乙醇生产是间接排放的主要来源，占 92.2%。

由表 6-10 可知，木薯乙醇生命周期各阶段温室气体排放主要集中在原料种植、燃料生产及燃料燃烧阶段。木薯种植过程施用大量的化肥农药，化肥农药的生产以及氮肥效应导致温室气体排放较大；燃料生产过程中能耗较高，并且投入大量的煤作为锅炉燃料，导致乙醇生产阶段直接和间接排放量高。因此，木薯乙醇的温室气体减排应重点从控制化肥农药的使用、提高乙醇生产技术、优化能源消耗结构等方面进行。

表 6-10　木薯乙醇生命周期各阶段温室气体排放

单位：g CO$_2$-eq/MJ 木薯乙醇

排放类型	原料种植	燃料生产（分配后）	运输	燃烧	生命周期
直接排放	5.00	47.24	8.50	69.47	130.2
间接排放	18.85	15.15	2.88	—	36.9
合计	23.85	62.39	11.38	69.47	167.1
合计百分比	14.3%	37.3%	6.8%	41.6%	100%

（2）间接排放在生产链各部门中的分布

将木薯乙醇生命周期的间接排放分解到生产链中 43 个部门，可以为产业政策的制定提供指导，使用 EIO-LCA 模型计算的 43 部门排放即为间接排放，图 6-10 为间接排放量最大的 10 个部门。

由图 6-10 中可以看出，电力、热力的生产和供应业的排放量最大，占间接排放总量的 32.2%（主要是为其他部门提供电力、热力）。排放量前三位的部门共排放 27.9 g CO$_2$-eq/MJ 木薯乙醇，占间接排放总量的 75.5%，其余 39 个部门排放量之和仅占 24.5%。说明木薯乙醇生命周期的间接温室气体排放主要来自这 3 个部门，重点针对这 3 个部门的生产制定减排政策，控制电、煤以及化肥农药、化学辅料的使用可以有效降低木薯乙醇的间接温室气体排放量。

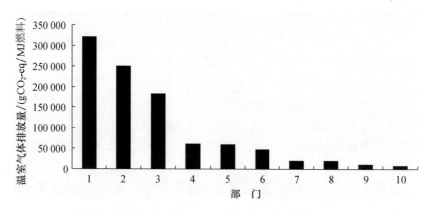

图 6-10　木薯乙醇生命周期间接温室气体排放的主要部门

注：图中 1～10 分别代表电力、热力的生产和供应业，煤炭开采和洗选业，化学原料及化学制品制造业，交通运输业，农、林、牧、渔、水利业，黑色金属冶炼及压延加工业，非金属矿物制品业，石油加工、炼焦及核燃料加工业，石油和天然气开采业，其他（包含仓储及邮电通信业）。

（3）考虑光合作用的结果

根据光合作用碳循环的分析，木薯乙醇燃烧排放的碳来自木薯光合作用吸收的碳，因此若考虑植物的光合作用，木薯乙醇生命周期的净排放为总排放量减去光合作用吸收的量（详见本节"二、研究数据 2. 数据处理"部分），结果为 96.2 g CO_2-eq/MJ 木薯乙醇。

2. 结果比较

（1）与相关研究结果的比较

将木薯乙醇生命周期温室气体排放结果与其他研究的进行比较，见表 6-11。若不考虑光合作用的影响，木薯乙醇生命周期温室气体排放量为 167.1 g CO_2-eq/MJ 木薯乙醇，比浦耿强等（2004）的计算结果高 25%。若考虑光合作用，木薯乙醇生命周期温室气体排放量为 96.2 g CO_2-eq/MJ 木薯乙醇，比欧训民（2010）的计算结果高 40.2%。因为混合法吸收了 EIO-LCA 法的优点，以国民经济为系统边界，更全面地计算了木薯乙醇上游生产阶段引起的间接排放，故本节计算值比同类研究的计算值大。

表 6-11 不同研究中温室气体排放结果的比较

单位：g CO_2-eq/MJ 木薯乙醇

排放量	传统汽油	木薯乙醇（未考虑光合作用）	木薯乙醇（考虑光合作用）
本书结果	108.4	167.1	
浦耿强等（2004）	94.37	133.69	
本书结果	108.4		96.2
欧训民（2010）	98.86		68.63

（2）与传统汽油的比较

将木薯乙醇生命周期温室气体排放结果与传统汽油的进行比较。若不考虑光合作用的影响，木薯乙醇生命周期每 MJ 燃料的温室气体排放量比汽油增加 54.2%。若考虑光合作用，比汽油减少 11.3%，但考虑研究存在的误差，实际中木薯乙醇的减排效果并不明显。要将木薯乙醇作为石油替代燃料进行推广，需通过减少物耗、提高产量、改进生产技术等措施减少温室气体排放量。

四、结论

以往的研究多存在系统边界的主观性、截断误差和耗时耗力等问题，并且对间接排放的研究相对不足。本节将中国 2007 年 EIO-LCA 模型和

PLCA 方法相结合，计算了木薯乙醇生命周期的直接和间接温室气体排放，将各阶段的间接排放分解到生产链的各个部门，比较了木薯乙醇与传统汽油生命周期的温室气体排放，并与其他研究结果进行了比较。结论如下：

（1）若不考虑光合作用，木薯乙醇生命周期的温室气体排放量为 167.1 g CO_2-eq/MJ 木薯乙醇，直接和间接排放量分别为 130.2、36.9 g CO_2-eq/MJ 木薯乙醇。乙醇生产和乙醇燃烧两个阶段的直接排放占直接排放总量的 89.6％，原料种植和乙醇生产两个阶段的间接排放占间接排放总量的 92.2％。若考虑光合作用，木薯乙醇生命周期的净温室气体排放量为 96.2 g CO_2-eq/MJ 木薯乙醇。

（2）木薯乙醇的生命周期中，对间接温室气体排放贡献率最大的部门是电力、热力的生产和供应业，其排放量占间接排放总量的 32.2％。排放量前三位的部门为电力、热力的生产和供应业，煤炭开采和洗选业，化学原料及化学制品制造业，共排放 27.9 g CO_2-eq/MJ 木薯乙醇，占间接排放总量的 75.5％。

（3）若不考虑光合作用的影响，本书结果比浦耿强等（2004）的计算结果高 25％。若考虑光合作用，本书计算比欧训民（2010）的计算结果高 40.2％。结果表明，与 PLCA 方法相比，混合法避免了截断误差，更全面地计算了产品上游阶段的温室气体排放。

由于目前土地利用变化引起的温室气体核算方法还没有定论，并且缺乏基础数据，本书未考虑燃料乙醇间接土地利用变化引起的温室气体排放（Plevin et al.，2010）。同时在计算传统汽油温室气体排放时，采用石油加工、炼焦及核燃料加工业的部门平均数据，可能会产生一定的系统误差。通过与其他研究的比较发现，本书误差在合理范围之内。

第七章
扩展模型应用案例

第一节　中国温室气体排放增长的
结构分解分析：1992—2007 年[①]

现有相关研究集中于能源 CO_2 排放的增长因素分析（Wang et al.，2005；Liu et al.，2007；朱勤等，2009；郭朝先，2010；闫云凤等，2010；Zhang and Qi，2011），忽略了其他温室气体的排放。1990—2005年其他温室气体的排放占我国温室气体排放总量的30%左右，仅考虑能源 CO_2 排放并不能完整反映我国经济发展对温室气体排放的影响（Chen and Zhang，2010），尤其在某些部门中其他温室气体排放的影响更大。从研究方法上看，由于结构分解分析法（SDA）可分析各生产部门间的相互影响及最终需求对排放的间接影响，因此该方法已成为因素分解研究中的重要方法（郭朝先，2010；闫云凤等，2010；Zhang and Qi，2011）。不过，现有研究在具体的分解方法以及对进口产品的处理方面存在不足。

基于此，本节核算了 1992 年，1997 年，2002 年，

---

①　来源：计军平，马晓明.中国温室气体排放增长的结构分解分析：1992—2007 年.中国环境科学，2011,31(12)：2076-2082.

2007 年中国 CO_2、CH_4 及 N_2O 的排放量，构建了(进口)非竞争型投入产出表，利用 SDA 加权平均分解法分析了排放强度、投入产出结构、最终需求结构和最终需求规模等 4 个因素对中国温室气体排放的推动作用。

一、方法与数据

1. 环境投入产出分析法

本节使用的环境投入产出模型为(Leontief，1970；Miller and Blair，2009)：

$$f = F(I - A)^{-1} y \qquad (7\text{-}1)$$

式中，f 表示为满足最终需求 y 生产链上各部门排放的温室气体总量；行向量 F 为温室气体排放强度，以各部门单位货币产出的直接温室气体排放量表示；I 为单位矩阵，A 为直接消耗系数矩阵，$(I-A)^{-1}$ 为里昂惕夫逆矩阵；列向量 y 为最终需求。f 仅表示产品生产过程中排放的温室气体，不包括产品最终使用过程中的直接排放。关于环境投入产出分析的详细讨论见文献(Miller and Blair，2009)。

2. 结构分解分析法

结构分解分析是一种基于投入产出模型的用于分析经济系统中各个自变量对因变量变动贡献大小的方法(Rose and Casler，1996)。将式(7-1)中的 y 以最终需求结构向量 y_s 和最终需求规模标量 y_v 的乘积表示，y_s 中的各元素表示相应部门的最终需求在最终需求总量中所占的比重，$(I-A)^{-1}$ 以 L 表示，则某一时间段内温室气体排放的变化量 Δf 可表示为(Baiocchi and Minx，2010)：

$$\Delta f = \Delta F L y_s y_v + F \Delta L y_s y_v + F L \Delta y_s y_v + F L y_s \Delta y_v \qquad (7\text{-}2)$$

式中，等式右边第一项为温室气体排放强度 F 改变引起的温室气体排放量变化，第二项为投入产出结构 L 改变引起的排放量变化，第三项为最终需求结构 y_s 改变引起的排放量变化，第四项为最终需求规模 y_v 改变引起的排放量变化。结构分解分析的分解形式存在非唯一性问题。本节采用理论上完善的加权平均法对所有的一阶分解形式取均值(李景华，2004)。

3. 温室气体排放数据

1992 年，1997 年，2002 年，2007 年的温室气体排放量根据《IPCC 指南》(IPCC，2006)的参考方法进行估算，结果见表 7-1。详细估算方法见本书第六章第一节。

表 7-1　中国温室气体排放量　　　单位：Mt CO_2-eq

年　份	CO_2	CH_4	N_2O	合计	其中：生产相关排放
1992	2620.9	691.1	252.7	3564.7	3287.9
1997	3372.3	813.6	271.6	4457.5	4253.4
2002	3984.8	816.2	292.1	5093.1	4897.9
2007	6993.3	987.8	306.5	8287.5	7990.2

注：Mt CO_2-eq 表示百万吨 CO_2 当量。

本节估算的温室气体排放量与国内外主要机构数据的比较见表 7-1、表 7-2 及表 7-3。在各数据中国家发展和改革委员会公布的数字最为权威。CO_2 方面，因美国橡树岭国家实验室 CO_2 信息分析中心（CDIAC）数据与国家发展和改革委员会 1994 年和 2004 年的数据最接近，故假定 CDIAC 其他年份的数据也具有较高的可信度。本节数据比 CDIAC 1992 年，1997 年，2002 年，2007 年数据分别大 −2.77%，−2.87%，7.49%，6.88%。若按修订前的能源数据计算，则本节结果比 CDIAC 结果高 −2.77%，−2.25%，−0.52%，2.16%。CH_4 和 N_2O 方面，本节 CH_4 数据与世界资源研究所（WRI）数据接近，N_2O 数据与国家发展和改革委员会数据接近。这是由于本节采用了不同的排放系数（Chen and Zhang，2010；张强等，2010；Zhang and Chen，2010a）。

表 7-2　CO_2 排放数据比较　　　单位：Mt CO_2-eq

数据源	1992 年	1994 年	1997 年	2002 年	2004 年	2007 年
国家发展和改革委员会*	—	3073.5	—	—	5070.0	—
CDIAC (Boden et al., 2010)▽	2695.7	3066.9	3472.1	3707.3	5095.6	6543.0
WRI (2010)▽	2589.8	2961.8	3367.7	3685.1	5059.2	6737.9
USEIA (2009)#	2449.2	2831.5	3081.7	3464.8	5089.8	6256.7
IEA (2010)#	2428.5	2745.3	3100.8	3309.0	4548.3	6032.3

注：CDIAC 为美国橡树岭国家实验室 CO_2 信息分析中心，WRI 为世界资源研究所，USEIA 为美国能源信息管理局，IEA 为国际能源署。*除化石能源消费外，还包含水泥、石灰及电石生产排放（中国国家气候变化对策协调小组，2004；国家气候变化对策协调小组办公室和国家发展和改革委员会能源研究所，2007；国家发展和改革委员会，2007a）；▽除化石能源消费外，还包含水泥生产排放；#化石能源消费排放。"—"为无相应数据。

表 7-3 CH₄ 及 N₂O 排放数据比较   单位：Mt CO₂-eq

数据源	气体	1994 年	1995 年	2000 年	2004 年	2005 年
国家发展和改革委员会*	CH_4	720.0	—	—	720.0	—
	N_2O	263.5	—	—	330.0	—
WRI（2010）	CH_4	—	802.0	788.1	—	853.3
	N_2O	—	626.4	645.4	—	684.1

注：无 1992 年,1997 年,2002 年,2007 年数据；* 包括煤炭开采、油气系统、燃料逃逸、农业活动和废物处理的 CH_4 排放，以及化石能源燃烧、己二酸生产和农业活动的 N_2O 排放（中国国家气候变化对策协调小组，2004；国家气候变化对策协调小组办公室和国家发展和改革委员会能源研究所，2007；国家发展和改革委员会，2007a）。"—"为无相应数据。

4. 可比价投入产出表

可比价非竞争进口型投入产出表的编制方法见第二章第三节。为使投入产出表和温室气体排放数据的部门分类相对应，依据《国民经济行业分类与代码》(GB/T 4754-2002)合并成 24 个部门，见表 7-4。为便于表述，本节下文图表中使用表 7-4 中的序号代表相应的部门。

表 7-4 部门分类

序号	部 门	序号	部 门
1	农林牧渔业	13	非金属矿物制品业
2	煤炭开采和洗选业	14	金属冶炼及压延加工业
3	石油和天然气开采业	15	金属制品业
4	金属矿采选业	16	机械、电气、电子设备制造业
5	非金属矿及其他矿采选业	17	其他制造业
6	食品制造及烟草加工业	18	电力、热力的生产和供应业
7	纺织业	19	燃气生产和供应业
8	服装皮革羽绒及其制品业	20	水的生产和供应业
9	木材加工及家具制造业	21	建筑业
10	造纸印刷及文教用品制造业	22	交通运输、仓储及邮电通信业
11	石油加工、炼焦及核燃料加工业	23	批发和零售贸易业、餐饮业
12	化学工业	24	其他服务业

二、结果与讨论

1. 总体影响

由图 7-1 可见，1992—2007 年温室气体排放量增加了 4702.3 Mt

CO_2-eq,其中 2002—2007 年的增量占 65.8%。最终需求规模的扩大是引起排放增长的主要因素(214.6%,占温室气体排放总增量的比重,下同),其中出口和固定资本形成是最终需求规模扩大的主要原因(刘起运和彭志龙,2010)。投入产出结构的改变是引起排放增长的重要原因(40.2%),这是由于期间生产结构转向排放强度大的部门。排放强度降低是减缓排放的主要因素(−153.4%),这主要得益于技术进步和生产效率的提高。最终需求结构的改变对排放量变化的影响不明显(−1.4%)。

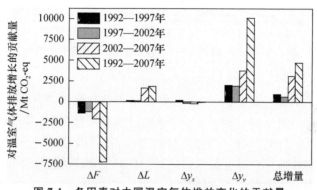

图 7-1 各因素对中国温室气体排放变化的贡献量

注:ΔF 指温室气体排放强度变化对排放的影响;ΔL 指投入产出结构变化对排放的影响;Δy_s 指最终需求结构变化对排放的影响;Δy_v 指最终需求规模变化对排放的影响。下同。

2. 对各部门的影响

(1) 温室气体排放强度的影响

由图 7-2(a)可见,排放强度减小是各部门隐含排放减缓的主要因素。减排量主要分布在建筑业(21,为部门序号,下同)、机械、电气、电子设备制造业(16,以下简称机电制造业)和其他服务业(24),三者的合计减排量分别占 1992—1997 年、1997—2002 年和 2002—2007 年减排总量的 49.4%、52.9% 和 61.2%。这主要有两个原因:一是技术进步和生产效率的提高(齐晔,2011a)使 17 个部门的排放强度在 15 年间下降了 50.0% 以上,尤其是电力、热力的生产和供应业(18,以下简称电力业)、金属冶炼及压延加工业(14,以下简称金属冶炼业)、非金属矿物制品业(13)等主要排放部门下降了 60.0% 以上,节能减排政策的实行加速了排放强度的下降(Kejun,2009)。二是对建筑业(21)、机电制造业(16)及其他服务业(24)的最终需求稳步增长。根据本书构建的可比价投入产出表,上述三者占最终需求总量的比重由 1992 年的 49.8% 增至 2007 年的 64.8%。

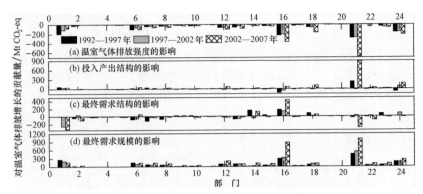

图 7-2   各分解因素对各部门温室气体排放变化的影响

（2）投入产出结构的影响

由图 7-2(b)可见，投入产出结构的改变对多数部门隐含排放的影响并不显著。建筑业(21)对资源能源的依赖程度加大推动了排放量的增长，尤其是 2002—2007 年这一趋势更为明显。从表 7-5 可以看出，1992—2007 年建筑业每提供一个单位最终需求对多数部门产品的完全消耗量都有所增加。特别是对燃气生产和供应业(19)、电力业(18)、机电制造业(16)、非金属矿物制品业(13)和化学工业(12)等部门的产品，完全消耗量增长率达到 150% 以上，其中电力业(18)和非金属矿物制品业(13)属于高排放部门。这反映了建筑业的粗放式发展。

表 7-5   1992—2007 年建筑业里昂惕夫逆系数增长率   单位：%

部　门	建筑业	部　门	建筑业	部　门	建筑业
1	−44.0	9	94.7	17	56.1
2	24.5	10	113.0	18	274.1
3	−51.0	11	24.3	19	378.6
4	20.8	12	160.0	20	−0.6
5	73.3	13	178.5	21	0.4
6	66.7	14	59.0	22	14.8
7	−45.0	15	60.4	23	−35.6
8	120.8	16	182.5	24	57.0

注：与"部门"序号对应的名称见表 7-4。表中数字的含义为"建筑业"里昂惕夫逆系数 2007 年值比 1992 年值的增长率。

（3）最终需求结构的影响

由图 7-3(c)可见，因最终需求结构改变而增加或减少隐含排放的部门约各占一半。机电制造业(16)和金属冶炼业(14)是排放增加的主要部门。这是由于机电制造业(16)在最终需求中的比重大幅增加(表7-6),15年间绝对增幅达到20.4%,由此推动了排放量的上升。出口是拉动该部门最终需求增加的主要原因。虽然金属冶炼业(14)最终需求结构系数的增幅仅为2.2%,但由于该部门产品排放强度较大,因此也引起了较多的排放。农林牧渔业(1,以下简称农业)是排放减少的主要部门。这是由于农业(1)在最终需求中的比重由14.3%大幅降至3.4%,且农业的温室气体排放强度下降量较大,减排效果明显。

表7-6　主要部门最终需求结构系数　　　　　单位：%

部　门	1992 年	1997 年	2002 年	2007 年
1	14.3	13.6	8.3	3.4
14	−0.8*	0.7	0.4	1.4
16	7.7	12.0	16.3	28.1

注：与"部门"序号对应的名称见表7-4。表中数字表示某个部门的最终需求占某年最终需求总量的百分比。＊负值由库存减少引起(刘起运和彭志龙,2010)。

(4) 最终需求规模的影响

由图7-2(d)可见,最终需求规模改变使所有部门的隐含排放量增加,而建筑业(21)和机电制造业(16)是排放增加的主要部门。这两个部门的增排量分别占1992—1997年、1997—2002年和2002—2007年该因素增排总量的36.7%、44.4%和50.2%。1992—2007年我国的最终需求规模增加了3.3倍,而固定资本形成和出口是最终需求增长的主要驱动力,两者对总增量的贡献率为69.8%(图7-3)。固定资本形成在15年间稳

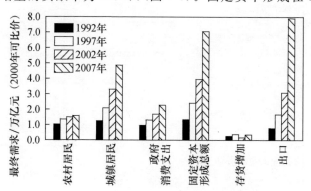

图7-3　各类最终需求规模的变化趋势

步增长,其需求增量的 54.4% 和 36.1% 分布于建筑业(21)和机电制造业(16),集中程度高。出口量在加速增长,尤其是我国加入 WTO 之后的 2002—2007 年。出口增量的 53.7% 来自机电制造业(16)。可见,我国的城市化建设和日益开放的经济拉动了最终需求规模的快速增长,这是我国温室气体排放增长的重要因素。

3. 与已有研究的比较

由表 7-7 可见,本节结果与已有研究的主要差异为:各时段的总增量高于其他研究结果;除郭朝先(2010)外,ΔF 项的减量绝对值、ΔL 项的增量以及 Δy_v 项的增量大于其他同时段或相近时段的结果;Δy_s 项的增量小于其他结果。造成这些差异的主要原因是数据源与计算方法的不同。温室气体排放数据方面,其他研究主要利用 IPCC 缺省排放因子及修订前的能源消费数据计算能源 CO_2 排放,而本节利用了已有研究中的中国化排放因子及修订后的能源消费数据计算了各主要排放源的 CO_2、CH_4 及 N_2O 排放,排放数据相对全面。投入产出表方面,本节使用了刘起运和彭志龙(2010)编制的可比价序列表,该表在 2004 年经济普查结果的基础上修订而成,数据相对可靠。另外,本节将可比价投入产出表调整为非竞争进口型投入产出表。SDA 的分解方法方面,除 Peters et al. (2007)外其他研究均采用近似算法两极分解法,而本节采用了理论上完善的加权平均法。

表 7-7　与已有研究的比较　　单位：Mt CO_2-eq

来源	方法与数据	时段	ΔF	ΔL	Δy_s	Δy_v	合计
Peters et al. (2007)	95 部门竞争型表,能源 CO_2,1996 版指南及缺省值,加权平均法	1992—2002	−1345.4	−229.3	64.9	2785.9	1276.1
闫云凤等 (2010)	15 部门竞争型表,能源 CO_2,1996 版指南及缺省值,两极分解法	1992—2005	−1168.9	47.1	215.6	3773.4	2867.2
Zhang and Qi (2011)	21 部门竞争型表,能源 CO_2,1996 版指南及缺省值,两极分解法	1992—2002	−1507.9	−145.6	185.8	2167.0	699.3
郭朝先 (2010)	29 部门竞争型表,能源 CO_2,2006 版指南及缺省值,两极分解法	1992—2007	−10422.8	3210.0	—	10631.5*	3418.7

来 源	方法与数据	时 段	ΔF	ΔL	Δy_s	Δy_v	合计
本书	24 部门非竞争型表,多种排放源及气体,2006 版指南及中国化参数,加权平均法	1992—2002	−2810.0	223.7	22.5	4173.7	1609.9
		1992—2007	−7214.0	1892.1	−67.9	10092.2	4702.4

注:"竞争型表"指采用竞争型投入产出表计算,"非竞争型表"指采用非竞争进口型投入产出表计算,"能源 CO_2"指核算了化石能源相关的 CO_2 排放,"1996 版指南"指文献(IPCC,1997),"缺省值"指在计算时采用指南中的缺省排放系数,"2006 版指南"指文献(IPCC,2006)。"两极分解法"及"加权平均法"为 SDA 的两种分解方法,见文献。"—"表示无数据。* 该数据为 Δy_s 及 Δy_v 的共同影响。

4. 建议与不足

(1) 根据上述结果提出以下政策建议。在温室气体排放的主要直接来源部门采用低碳技术,从而降低排放强度。如采用超临界火电机组、第三代炼铁技术及包膜控稀肥料等(Weber et al. , 2008);推进集约化管理,采用先进生产技术,提高生产效率,从而降低单位最终需求产品对资源能源的完全消耗量,尤其是建筑业。如采用工厂化制造房屋技术、高效房间空调器及智能照明技术(Weber et al. , 2008)等;转变经济发展方式,由目前依靠出口和固定资本形成带动发展逐步转向消费与投资、内需与外需协调发展(郭朝先,2010)。同时转变出口商品的结构,由目前的机械、电气、电子设备等碳排放密集产品逐步转向低碳排放产品。

(2) 本研究还存在两方面不足。首先,未计算进口产品的隐含温室气体排放量。这是由于难以获取各贸易国的投入产出表及其不同部门的温室气体排放数据。目前已有学者通过建立多区域环境投入产出模型初步解决了该问题(Baiocchi and Minx,2010),但关于中国的研究仍缺少可靠的数据。其次,投入产出表的部门分类较粗。为统一投入产出表、价格指数和能源消费数据的部门分类,本研究合并了大量部门。有研究表明(Weber,2009)部门合并对 SDA 的计算结果有影响。

三、结论

(1) 从总体上看,1992—2007 年中国温室气体排放增长了 4702.3 Mt CO_2-eq,其中 2002—2007 年的增量占 65.8%。最终需求规模增加是排放量增长的主要因素,投入产出结构改变也是增长因素,而排放强度降低是排放量减少的主要因素,最终需求结构改变对排放量变化的影响不明显。这四个因素对总增量的贡献率分别为 214.6％、40.2％、-153.4％和-1.4％。

（2）从部门角度看，四类因素对各部门的影响存在差异。① 温室气体排放强度减小是各部门隐含排放减缓的主要因素，尤其是建筑业、机电制造业和其他服务业。② 虽然投入产出结构的改变对多数部门隐含排放的影响并不显著，但建筑业对资源能源的依赖程度加大，推动了排放量的增长。③ 因最终需求结构变化而使排放量增加或减少的部门约各占部门总数的一半，其中机电制造业和金属冶炼业是排放增加的主要部门，农业是排放减少的主要部门。④ 最终需求规模改变使所有部门的隐含排放量增加，其中建筑业和机电制造业是排放增加的主要部门。出口和固定资本形成是排放增长的主要驱动力。

第二节　中国碳排放增长因素的部门结构分解分析：2007—2012 年[①]

为积极应对气候变化，全球 100 多个国家于 2015 年 12 月通过了《巴黎协定》，并于 2016 年 4 月签署了该协定。《巴黎协定》的核心内容是尽快实现全球温室气体排放峰值，在本世纪内将全球平均升温控制在工业化前的 2℃ 以内，并为控温 1.5℃ 而努力。中国是世界上主要的碳排放国之一。1992—2012 年，中国碳排放总量增长了 2.56 倍，占全球排放总量的比重由 12.0％ 增至 27.5％（CAIT,2015）。其中,2007—2012 年中国碳排放增量占全球总增量的 79.1％。因此,中国的碳减排对于减缓全球碳排放增长、实现将全球升温幅度控制在 2℃ 以内的目标至关重要。中国政府在 2014 年《中美气候变化联合声明》和 2015 年《中美元首气候变化联合声明》中明确提出,计划到 2030 年左右 CO_2 排放达到峰值且将努力早日达峰,到 2030 年单位国内生产总值 CO_2 排放比 2005 年下降 60％～65％。为科学地制定碳减排方案,使中国尽早实现碳排放峰值目标,有必要对中国碳排放增长的关键驱动因素及关键部门开展深入研究。

随着中国碳排放问题在国际上的影响日益增加,为深入探讨中国碳排

---

① 来源：计军平,胡广晓,马晓明.中国碳排放增长因素的部门结构分解分析：2007—2012年.环境经济研究,2016,(1)：43-58.

放增长的驱动因素,近年来众多学者采用 SDA 方法对中国进行了实证研究,主要文献见第三章表 3-2。与这些文献相比,本节在 SDA 分解方法、投入产出模型及碳排放数据等方面进行了改进。首先,现有研究主要关注驱动因素的总体影响,对各因素在部门层面的分解关注较少。然而,政策制定者关心的问题往往是需要针对哪些主要行业的哪些方面采取减排措施。虽然部分学者按最终需求部门对各因素进行了部门分解(Minx et al.,2011;计军平和马晓明,2011;Li and Wei, 2015;Chang and Lahr, 2016),但是这种方法无法反映各生产部门的碳排放强度因素及投入产出结构因素对碳排放变化的影响,应当从生产部门角度对这两个因素进行分解。为此,本节扩展了 SDA 法,对各因素尤其是投入产出结构因素做了部门分解。其次,大部分研究采用竞争进口型投入产出表进行计算,即假设进口产品的单位产值碳排放与国内产品的相同,导致碳排放计算结果偏大(Su and Ang,2013)。这主要有两个原因:一是通常情况下中国主要贸易伙伴拥有的生产技术较为先进,单位产值碳排放比中国低,采用上述假设高估了中国生产产品可能引起的碳排放;二是进口产品生产于国外,按照目前国际上普遍采用的碳排放责任认定方法,其生产过程产生的碳排放属于出口国,不应计入中国。因此,本节借鉴 Guan et al.(2008)的方法建立了非竞争进口型模型,将进口产品从现有投入产出表的中间使用和最终使用中分离,以便更好地研究中国国内产生的碳排放与各类经济活动的关系。最后,多数研究均采用《IPCC 指南》(IPCC, 1997;IPCC, 2006)缺省碳排放因子,而这会显著高估中国的碳排放(Liu et al., 2015)。虽然部分学者(Peters et al., 2007;Minx et al., 2011)采用了 Peters et al.(2006)估算的中国化碳排放因子,但是随着相关研究的开展,目前已有更符合中国实际的排放因子。为更为准确地估算中国碳排放,本节主要采用中国最新公布的分部门化石燃料碳排放系数(国家发展和改革委员会应对气候变化司,2014)以及修订后的2010—2012 年能源消费数据(国家统计局能源统计司,2015)。除了上述三方面改进外,本节还结合最新发布的中国 2012 年投入产出表,重点分析中国 2007—2012 年碳排放增长的影响因素。受投入产出调查表可获取性的限制,目前大部分文献仅分析了中国 1992—2007 年间的碳排放驱动因素[①]。2007—2012 年,中国实施了大量节能减碳措施,碳排放增速比2002—2007 年下降了一半(CAIT, 2015),识别其中的原因对中国制定未

---

① 部分文献采用投入产出延长表将研究扩展至 2010 年。不过,由于投入产出延长表是采用非调查法在投入产出调查表的基础上更新而来,因此部分分类较粗、误差较大。

来的碳减排方案具有重要意义。

本节其余部分的内容如下：第一部分说明研究中使用的投入产出模型、SDA 计算方法以及碳排放数据。第二部分从各个影响因素的部门层面分析 2007—2012 年中国碳排放变化的原因。第三部分为主要结论及减排政策建议。

一、方法与数据

1. 结构分解分析

本节采用 SDA 的加法形式，详见第七章第一节"方法与数据"部分。为识别各影响因素中的主要部门，本节对公式(7-2)等式右边各项做进一步分解。对投入产出结构 L 的二级分解是本节与现有相关文献的主要不同点之一。碳排放强度、最终需求结构及最终需求规模变化的部门分解方法是将相关向量对角化为矩阵，见公式(7-3)、公式(7-4)及公式(7-5)。

$$\Delta c_F = \Delta \hat{F} L y_s y_v \qquad (7\text{-}3)$$

$$\Delta c_{ys} = F L \Delta \hat{y}_s y_v \qquad (7\text{-}4)$$

$$\Delta c_{yv} = F L \hat{y}_s \Delta y_v \qquad (7\text{-}5)$$

其中，Δc_F 为碳排放强度改变引起的碳排放量变化，Δc_{ys} 为最终需求结构改变引起的碳排放量变化，Δc_{yv} 为最终需求规模改变引起的碳排放量变化，$\Delta \hat{F}$ 为碳排放强度变化量 ΔF 的对角矩阵，$\Delta \hat{y}_s$ 为最终需求结构变化量 Δy_s 的对角矩阵，$\hat{y}_s \Delta y_v$ 为最终需求规模变化量 Δy_v 与最终需求结构 y_s 乘积的对角矩阵。

由于 L 的变化实质上是由直接消耗系数矩阵 A 的变化引起的，因此 ΔL 的分解可以转变为 ΔA 的分解(Miller and Blair, 2009)，见公式(7-6)。令 $n \times n$ 矩阵 $\Delta A_{(j)}$ 为公式(7-7)，则 ΔA 可表示为公式(7-8)。因此，各部门直接消耗系数变化对碳排放总量变化的影响可通过公式(7-9)计算。

$$\Delta L = L_1 \Delta A L_0 = L_0 \Delta A L_1 \qquad (7\text{-}6)$$

$$\Delta A_{(j)} = \begin{bmatrix} 0 & \cdots & \Delta a_{1,j} & \cdots & 0 \\ \vdots & & \vdots & & \vdots \\ 0 & \cdots & \Delta a_{n,j} & \cdots & 0 \end{bmatrix} \qquad (7\text{-}7)$$

$$\Delta A = \begin{bmatrix} \Delta a_{1,1} & \cdots & \Delta a_{1,n} \\ \vdots & & \vdots \\ \Delta a_{n,1} & \cdots & \Delta a_{n,n} \end{bmatrix} = \Delta A_{(1)} + \cdots + \Delta A_{(j)} + \cdots + \Delta A_{(n)}$$

$$= \sum_{j=1}^{n} \Delta A_{(j)} \qquad (7\text{-}8)$$

$$\Delta c_L = F\Delta L y_s y_v$$

$$= FL_1 \Big(\sum_{j=1}^{n} \Delta A_{(j)} \Big) L_0 y_s y_v$$

$$= \sum_{j=1}^{n} FL_1 \Delta A_{(j)} L_0 y_s y_v \tag{7-9}$$

其中,下标 0 表示研究时段的起始年份,下标 1 表示研究时段的终了年份,$\Delta A_{(j)}$ 表示部门 j 的直接消耗系数变化矩阵,Δc_L 表示投入产出结构引起的碳排放量变化。

2．数据说明

(1)非竞争进口型可比价投入产出表

非竞争进口型可比价投入产出表的编制方法见第二章第三节。为使投入产出表和碳排放数据的部门分类相对应,依据《国民经济行业分类与代码》(GB/T 4754-2011)合并了部分部门,调整后共有 35 个部门,见表 7-8。为便于表述,本节下文图表中使用表 7-8 中的序号代表相应的部门。

表 7-8　部门分类

序号	部　门	序号	部　门
1	农林牧渔业	19	电气、机械及器材制造业
2	煤炭开采和洗选业	20	通信设备、计算机及其他电子设备制造业
3	石油和天然气开采业	21	仪器仪表及文化办公用机械制造业
4	金属矿采选业	22	其他制造业
5	非金属矿采选业	23	废品废料
6	开采辅助服务和其他采矿产品	24	金属制品、机械和设备修理服务
7	食品制造及烟草加工业	25	电力、热力的生产和供应业
8	纺织业	26	燃气生产和供应业
9	服装皮革羽绒及其制品业	27	水的生产和供应业
10	木材加工及家具制造业	28	建筑业
11	造纸印刷及文教用品制造业	29	交通运输及仓储业
12	石油加工、炼焦及核燃料加工业	30	邮政业
13	化学工业	31	批发和零售业
14	非金属矿物制品业	32	住宿和餐饮业
15	金属冶炼及压延加工业	33	金融保险业
16	金属制品业	34	房地产业
17	通用、专用设备制造业	35	其他服务业
18	交通运输设备制造业		

（2）CO_2 排放数据

本节参考 Peters et al.（2006）的方法计算碳排放，包括能源相关排放和工业生产过程排放。前者为各部门化石燃料燃烧排放的 CO_2，后者包括水泥、黑色金属、有色金属、合成氨、碳化钙及碳酸钠等生产过程中排放的 CO_2。详细估算方法见第五章。

二、结果与讨论

1. 各因素总体影响

2007—2012 年，中国生产部门碳排放增长了 40.05%（2742.1 Mt CO_2），几乎完全由最终需求规模驱动，见图 7-4。最终需求规模是唯一的碳排放增长因素，引起的排放增量占总增量的比重达到 129.82%（3560.0 Mt CO_2）。碳排放强度、投入产出结构及最终需求结构均为碳排放减缓因素，但引起的减排量较小，分别仅占总增量的 −16.76%（−459.6 Mt CO_2）、−9.91%（−271.8 Mt CO_2）及 −3.15%（−86.5 Mt CO_2）。

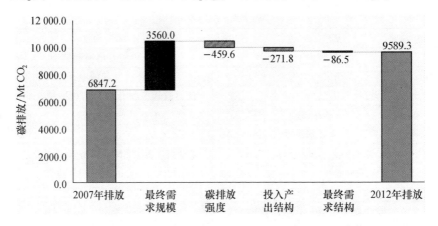

图 7-4　2007—2012 年各驱动因素引起的中国生产部门碳排放变化量

与其他时期相比，2007—2012 年中国碳排放增长的驱动因素发生了重大变化，即该时期最终需求规模对碳排放的增长作用进一步增强，其他因素对碳排放变化的影响大幅弱化。1992—2002 年，中国的碳排放增长是"一场消费增长与效率提升之间的竞赛"（Peters et al.，2007），其特征是碳排放强度因素带来的碳减排量大幅抵消了最终需求规模引起的碳排放增长量。2002—2007 年，除了上述两个因素外，投入产出结构成为导致中国碳排放快速增长的另一个重要因素（Minx et al.，2011）。该因素引起的碳排放增量约为最终需求规模因素引起的碳排放增量的三分之二,与碳排放强度因素的减排量相当。2007—2012 年,中国的碳排放增长几乎完全由最终需求规模驱动,碳排放强度虽然仍是主要的减缓因素,但是其减排量大幅下降,仅占总增量的－16.76％。这表明,随着中国节能减排工作的持续开展,碳排放强度整体已处于较低水平,减排潜力已得到较大程度的利用,进一步挖掘潜力的难度将逐步增大。此外,投入产出结构由 2002—2007 年的主要增长因素转变为 2007—2012 年的主要减缓因素,显示优化投入产出结构可能是中国未来碳减排的另一个重要途径。

2. 最终需求规模的影响

固定资本形成总额、出口及城镇居民消费规模的大幅增长是 2007—2012 年中国碳排放增长的主要原因,三者共占最终需求规模因素总增量的 87.68％(3121.5 Mt CO_2),见图 7-5。

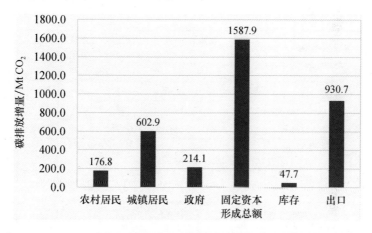

图 7-5　**2007—2012 年分需求类型的最终需求规模变化引起的碳排放差值**

固定资本形成总额中,建筑业(28)占比达到 70.56％(1120.5 Mt CO_2),是单一最大的增长来源,见表 7-9。其主要原因是,2007—2012 年中国大力推进城市化建设,加之 2008 年出台了"四万亿元经济刺激"政策,建筑业的需求大幅增长。由于建筑业使用大量碳密集型产品,如电力、钢铁及水泥等,因此间接地拉动了碳排放的快速增长。

出口是拉动碳排放增长的第二大需求,占最终需求规模因素总增量的 26.14％。出口产品的部门主要集中在制造业,包括通信电子产品(20)、金属冶炼品(15)、化工产品(13)以及各类机械设备(19、17 和 18)等,见表 7-9。总体上,出口产品的隐含碳排放量较高,这与我国虽然已成为"世界工厂"，但仍处于相对低端的产业链下游有关。

城镇居民消费是拉动碳排放增长的第三大需求，占最终需求规模因素总增量的 16.94％。城镇居民消费的增长主要集中在电力(25)、副食品(7)、服务(35)、交通出行(18 和 29)以及医药和日用化学品(13)等与生活密切相关的部门，见表 7-9。城镇人口的快速增长及城镇居民生活水平的提高是城镇居民消费碳排放增长的两大主要原因。2007—2012 年，中国城镇人口比重从 45.89％增长到 52.57％，城镇人口净增长 1.05 亿人，城镇居民人均可支配收入从 1.38 万元增至 2.46 万元(当年价)(国家统计局，2015)。随着我国新型城镇化的深入推进，城镇人口数量及城镇居民消费水平将继续快速增长，城镇居民消费碳排放仍将持续增长。

表 7-9　2007—2012 年主要部门最终需求规模变化引起的碳排放增量

单位：Mt CO_2

序号	最终需求部门	农村居民消费	城镇居民消费	政府消费	固定资本形成总额	存货增加	出口	合计
28	建筑业	0.0	8.4	0.0	1120.5	0.0	7.2	1136.1
35	其他服务业	19.5	85.0	195.3	17.2	0.0	22.6	339.5
17	通用、专用设备制造业	0.2	1.0	0.0	186.9	1.4	73.5	262.9
18	交通运输设备制造业	5.0	26.6	0.0	122.9	3.6	36.1	194.2
19	电气、机械及器材制造业	5.5	18.0	0.0	56.6	2.9	88.5	171.4
25	电力、热力的生产和供应业	35.2	124.7	0.0	0.0	0.0	4.4	164.3
20	通信设备、计算机及其他电子设备制造业	1.6	5.8	0.0	13.7	1.2	125.8	148.1
13	化学工业	8.0	29.4	0.0	0.0	4.1	97.5	139.1
7	食品制造及烟草加工业	31.8	85.7	0.0	0.0	6.1	11.4	135.1
15	金属冶炼及压延加工业	0.0	0.0	0.0	0.0	9.0	99.6	108.6
29	交通运输及仓储业	7.2	26.9	16.1	7.8	1.1	44.2	103.4
	合计	114.1	411.6	211.4	1525.5	29.5	610.7	2902.8
	占各类需求排放增量的比重/(％)	64.56	68.28	98.74	96.07	61.76	65.62	81.54

3. 碳排放强度的影响

虽然 2007—2012 年碳排放强度仍是减缓碳排放增长的主要因素，但与其他时期相比其减排量大幅减少。绝大多数部门的碳排放强度在这一时期持续下降，减少了碳排放，而电力、热力的生产和供应业(25，以下简称电力业)碳排放强度不降反升是造成上述现象的主要原因。2007—2012 年，电力业碳排放强度由 11.76 t CO_2/万元增至 13.27 t CO_2/万元(2000 年可比价)，引起的碳排放增量为 425.5 Mt CO_2，见图 7-6，占碳排放强度因素总减排量的－92.59%。这是因为中国"富煤、缺油、乏气"的资源禀赋条件决定了以煤为主的发电结构。同时，随着节能减排工作的开展，中国煤电机组供电煤耗和电网线损率已接近国际先进水平，节能减排空间逐步缩小，降低碳排放强度的难度增大。2007 年，中国平均电力碳排放因子为 8.646 t CO_2/(10^4 kW·h)，2012 年降至 8.341 t CO_2/(10^4 kW·h)，但是电力业单位产值发电量由 1.36 kW·h/万元增至 1.591 kW·h/万元(2000 年可比价)，因此电力业碳排放强度不降反升。未来，电力业碳减排除了继续提高燃煤发电效率外，应着重从优化发电结构入手，提高燃气发电、核电、太阳能发电及风力发电等低碳电力的比重。

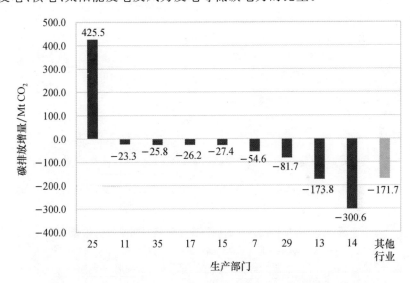

图 7-6 2007—2012 年主要部门碳排放强度变化引起的碳排放差值

注：横坐标数字与部门名称的对应关系见表 7-9。

4. 投入产出结构的影响

投入产出结构因素代表的是广义技术进步，包括科学技术进步、管理集约化、产业结构变动等，其值为正，表示技术进步使得碳排放量越来越多，即经济发展呈现"粗放式"；其值为负，表示技术进步使得碳排放量降低，即经济发展呈现"集约式"或"低碳式"。1992—2007 年投入产出结构是碳排放增长因素(Minx et al.，2011；计军平和马晓明，2011)，而

2007—2012 年为主要减缓因素。这表明,2007—2012 年中国生产部门开始从"粗放式"向"集约式"发展转变,经济的发展更加注重效率和资源节约。这与我国"十一五"规划中提到的加快转变经济增长方式,加快建设资源节约型、环境友好型社会,促进经济发展与人口、资源、环境相协调的目标相一致。

电力业(25)及建筑业(28)投入产出结构的大幅优化是 2007—2012 年投入产出结构成为主要减缓因素的重要原因,见图 7-7。与 2002—2007 年相比,电力业和建筑业的排放增量分别由 824.9 Mt CO_2、542.9 Mt CO_2 下降为 2007—2012 年的 -75.3 Mt CO_2、29.8 Mt CO_2,合计减少了 1413.3 Mt CO_2,减排量相当于巴西、英国和墨西哥 2012 年碳排放的总和 (CAIT,2015)。可见,随着我国经济发展方式持续向绿色、循环、低碳转型,投入产出结构作为我国碳排放主要减缓因素的地位将得到进一步巩固。

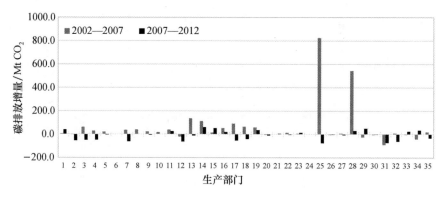

图 7-7　各部门投入产出结构变化引起的碳排放变化量

注:横坐标数字与部门名称的对应关系见表 7-9。

5. 最终需求结构的影响

固定资本形成总额及出口是导致最终需求结构因素碳排放变化的两类主要需求,见图 7-8。2007—2012 年,一方面,固定资本形成总额中高碳行业的比重大幅增加,由此增长的碳排放达到 635.4 Mt CO_2。其中,建筑业(28),交通运输设备制造业(18)及通用、专用设备制造业(17)的增幅最为明显,三者共占固定资本形成总增量的 88.68%,见图 7-9。另一方面,出口中的高碳行业比重有所下降,由此减排了 600.3 Mt CO_2。其中,金属冶炼及制品(15 及 16)、通信电子设备(20)、办公文化设备(21)、纺织品(8)及化工产品(13)的降幅较大,共占出口总减排量的 83.81%,

见图 7-9。

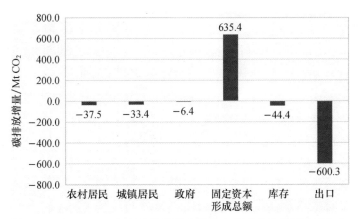

图 7-8　2007—2012 年各类最终需求结构变化引起的碳排放量变化

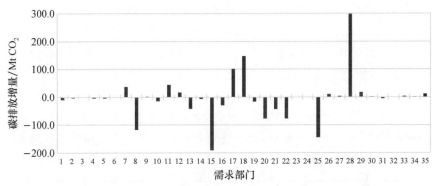

图 7-9　2007—2012 年最终需求结构变化引起的碳排放变化量

注：横坐标数字与部门名称的对应关系见表 7-9。

三、结论

2007—2012 年中国生产部门碳排放总量增长了 2742.1 Mt CO_2。最终需求规模是唯一的碳排放增长因素，引起的排放增量为 3560.0 Mt CO_2，碳排放强度、投入产出结构及最终需求结构均为碳排放减缓因素，但引起的减排量较小，合计仅为 -817.9 Mt CO_2。

固定资本形成总额、出口及城镇居民消费是引起最终需求规模碳排放大幅增长的主要需求类型，三者共占该因素增量的 87.68%（3121.5 Mt CO_2）。固定资本形成总额引起的碳排放增量主要集中在建筑业，出口主要集中在通信电子产品、金属冶炼品、化工产品以及各类机械设备部门，城镇居民消费主要集中在电力、副食品、服务、交通出行以及医药和日用化学品等部门。

碳排放强度仍是 2007—2012 年的主要减缓因素，但减排量仅为 -459.6 Mt CO_2，与其他时期相比其减排量大幅减少。电力业碳排放强度不降反升是造成这一结果的主要原因。电力业碳排放强度上升引起的碳排放增量为 425.5 Mt CO_2，占碳排放强度因素总减排量的 -92.59%。其余绝大多数部门的碳排放强度持续下降，减排量达到 -885.1 Mt CO_2。

投入产出结构是仅次于碳排放强度的减排因素，减排量为 -271.8 Mt CO_2。电力业及建筑业投入产出结构的大幅优化是 2007—2012 年投入产出结构成为主要减缓因素的重要原因。与 2002—2007 年相比，电力业和建筑业的排放增量合计减少了 1413.3 Mt CO_2。

最终需求结构的减排量较小，仅为 -86.5 Mt CO_2。固定资本形成总额及出口是导致最终需求结构因素碳排放变化的两类主要需求，引起的排放增量分别为 635.4 Mt CO_2 及 -600.3 Mt CO_2。建筑业、交通运输设备制造业及通用、专用设备制造业是主要的碳排放增长行业，金属冶炼及制品业、通信电子设备制造业、文化办公机械制造业、纺织业及化学工业是主要的减排行业。

随着中国新型城镇化的深入推进，未来最终需求规模引起的碳排放仍将较快增长。在此背景下，控制建筑业固定资本形成总额的过快增长，减少盲目投资（如减少建筑"空城"的数量）是我国未来碳减排的重要方向。此外，提高发电效率，优化发电结构，尤其是增加核电、太阳能发电及风力发电等低碳电力的比重将显著地减缓碳排放增长。以此为抓手，推动各生产部门降低碳排放强度。在此基础上，进一步提高各生产部门的投入产出效率，优化最终需求结构，促使经济发展方式向绿色、循环、低碳方向转变，使中国尽早实现碳排放峰值目标。

第三节　基于结构路径分析的中国居民消费对碳排放的拉动作用研究[①]

2014 年 11 月，中国与美国签订了《中美气候变化联合声明》，中国计

---

① 来源：张琼晶，田耒申，马晓明.基于结构路径分析的中国居民消费对碳排放的拉动作用研究.北京大学学报(自然科学版)，2019，55(2)：377-386.

划 2030 年左右 CO_2 排放达到峰值且将努力早日达峰,并计划到 2030 年非化石能源占一次能源消费比重提高到 20% 左右。如今的经济形势外需乏力,靠出口驱动经济增长不可为继。刺激消费、向内需转型,是中国近年来的政策导向。2008 年 11 月,国务院召开常务会议,研究部署进一步扩大内需促进经济平稳较快增长的措施;"十二五"规划将"坚持扩大内需战略,保持经济平稳较快发展"作为独立章节进行了具体论述;2017 年 8 月,国务院正式发布了《关于进一步扩大和升级信息消费持续释放内需潜力的指导意见》。随着扩大内需的各项政策不断推进落实,由消费产生的碳排放将进一步快速增长。2016 年中国社会消费品零售总额占 GDP 比例为 44.7%,呈现逐年上升态势。根据《2016 中国能源统计年鉴》,2015 中国能源消费量比 2014 年增加了 1865 万吨标准煤,增幅仅为 0.47%,但是 2015 年中国居民生活能源消费量比 2014 年增加了 4498 万吨标准煤,增幅高达 14.6%,也进一步证明了居民生活能源消费量的增加对我国能源消费量的贡献不容忽视。因此,从居民消费的角度研究如何减少碳排放,对于降低能源消费量、减少碳排放、建设节能减排环保型社会具有重要的现实意义。

需要说明的是,本研究中居民消费直接碳排放指居民直接消耗能源用于取暖、炊事、交通出行等产生的直接碳排放;间接碳排放指由于衣、食、住、行的需要,居民在消费商品和服务时,生产、加工这些商品或提供这些服务时引起的碳排放。

目前,在居民消费碳排放领域的研究上,国际上家庭碳排放的计算方法主要包括碳排放系数法、碳足迹计算模型、消费者生活方式法、投入产出法和生命周期评价法(曾静静等,2012)。碳排放系数法是用家庭能源消耗量乘以相应的碳排放系数,计算简单且数据易于获取,被广泛用于家庭直接碳排放的计算(马晓微等,2015)。家庭碳足迹计算模型利用目前已开放的家庭(或个人)碳足迹计算器,主要针对生活用能和交通出行产生的直接碳排放。这两种方法都无法计算间接碳排放。Bin 和 Dowlatabadi(2005)为阐述不同生活方式对能源消费与碳排放的影响,提出了消费者生活方式法(CLA)。其优势在于从居民消费的角度分析能源需求和碳排放,提供"消费者导向"的政策建议。范玲和汪东(2014)采用 CLA 测算了 1993—2007 年我国居民间接能源消费碳排放量以及城镇和农村居民人均碳排放量的变化趋势;Xu 等(2016)用 CLA 计算的家庭碳排放量归为若干消费类别,发现造成家庭碳排放不平衡的主要原因是高碳强度的住宅消费,其次是食品、文教娱乐服务消费。

投入产出法可以从宏观尺度评价对商品和服务的最终需求需要整个经济系统和部门的总投入量。居民消费碳排放的排放特征和影响因素的研究多以投入产出法为基础（刘晔等，2016；王雪松等，2016；丰霞等，2018）。Perobelli 等（2015）利用投入产出法评估了巴西家庭消费对碳排放的影响；Sommer 和 Kratena（2017）利用宏观经济投入产出模型计算了欧盟不同收入的 5 组家庭的消费碳足迹，结果显示了不同边际消费倾向家庭的碳足迹的差异，间接排放在底层收入家庭中扮演着更重要的角色。朱勤等（2012）基于可比价的投入产出模型对 1993—2005 年我国居民消费品载能碳排放的变化趋势，认为通过优化消费结构带动产业结构调整以及促进排放强度降低，能有效减缓消费排放。叶震（2012）利用投入产出模型分析对比了中国城乡居民消费的碳排放差异，提出应当引导居民消费向低碳拉动部门转移。Druckman 和 Jackson（2009）、姚亮等（2013）、Ala-Mantila 等（2016）利用多区域投入产出（Quasi-Multi-Regional Input-Output）模型分别分析了英国 1990—2004 年的家庭碳排放，中国 8 个区域的居民消费碳足迹的数量、构成、分布及转移，芬兰家庭规模、城市结构与生活方式对温室气体影响之间的关系。

生命周期评价法（LCA）主要应用于可持续消费，针对消费产品和服务的整个生命周期各个阶段的能源需求和碳排放情况进行分析，因需要较完整的产品生命周期数据而受到限制。刘晶茹等（2007）采用 LCA 法分析出城镇居民单位货币消费量产生的碳排放远高于农村，电力部门对居民消费环境影响的贡献率最大。姚亮等（2011）利用 LCA 测算了我国 1992—2007 年居民消费的隐含碳排放。Wang 等（2015）发现 2007 年居民消费最大的碳排放部门从农业部门转入服务部门。

以上这些方法停留在发现对碳排放有明显拉动作用的部门或居民活动上，无法继续对这些部门之间为支持彼此的生产活动产生的碳排放影响做进一步分析，从而得出部门之间的传递关系。结构路径分析（SPA）可以追踪部门之间相互影响的复杂关系，分解出整个生产链条中对产品或组织具有重要影响的因子之间层层影响的路径（Lenzen and Murray，2010）。在居民消费的研究领域中，结构路径分析方法已经得到应用。

本节利用 SPA 方法分析拉动居民消费碳排放的部门路径及其拉动效应。同时，由于中国存在着明显的城乡和收入差异，因此在使用 SPA 方法时，结合城乡居民家庭的收入变化、消费支出结构差异，分别探讨城乡居民消费产生碳排放的特点。

一、方法与数据

关于 SPA 方法的具体说明见第四章第一节。本节在利用 SPA 研究居民消费对碳排放的拉动作用时,在前 4 个层级中选取影响大的节点和路径进行分析。

碳排放估算方法见第五章。本节使用以 2000 年为价格基年的 2012 年可比价投入产出表,编制方法见第二章第三节。

二、结果与分析

1. 城乡居民消费的碳排放总量构成

从表 7-10 中的数据可以发现,2012 年城乡居民的直接碳排放量分别约为 185.86 Mt CO_2、160.16 Mt CO_2,占碳排放总量比重较低,分别仅占 11.4% 和 27.89%,同时相应的人均直接碳排放差异不大。由此可知,居民生活消费碳排放的减排的潜力和重点集中在间接碳排放上。而对比城乡居民间接排放数据可知,城镇居民远高于农村居民。这主要是因为城乡居民收入水平及消费结构的差距造成的,在一定程度上也反映了城乡居民在生活水平和生活方式上的差距,因而他们减排的侧重点也是不同的。

表 7-10 2012 年城乡居民消费碳排放

	碳排放/Mt CO_2			人均碳排放/(t/人)		
	直接	间接	总计	直接	间接	总计
城镇	185.86	1441.58	1627.44	0.26	2.03	2.29
农村	160.16	414	574.16	0.25	0.64	0.89
合计	346.02	1855.58	2201.6	—	—	—

2. 城乡居民间接碳排放构成

根据表 7-10,2012 年居民消费间接碳排放城镇约是农村的 3.5 倍,而城镇人均碳排放约是农村的 3.14 倍,远远高于农村居民的间接碳排放。这种差异主要是由于消费水平和消费结构的不同造成的。2012 年城镇和农村居民家庭人均可支配收入分别为 24 564.7 元和 7916.6 元(3.10 倍),相应的人均消费支出分别为 16 674 元和 5908 元(2.82 倍),可见城镇的高消费水平使得其居民碳排放远远高于农村居民,其不断扩张的消费需求是我国居民消费碳排放不断增长的一大来源。除此之外,下文将重点分析消费结构的差异对居民消费碳排放的影响。

（1）部门拉动作用

2012年，城乡居民消费的碳排放均主要集中在6个部门（见图7-10），分别是电力、热力生产和供应业，其他服务业，农、林、牧、渔、水利业，食品制造业，批发、零售业和住宿、餐饮业以及交通运输、仓储和邮政业。上述6个部门对城乡居民碳排放的拉动作用分别占其总排放量的70%和67%。

值得注意的是，"其他服务业"和"电力、热力生产和供应业"已经成为碳排放最主要的两大来源。其中，城镇居民消费中"其他服务业"占比为20.4%，已经超过"电力、热力生产和供应业"的占比（19.8%），成为影响最大的部门。农村居民"其他服务业"占比为17.2%，仅次于"电力、热力生产和供应业"（20.2%）。因此，下文将对"其他服务业"做进一步分析。

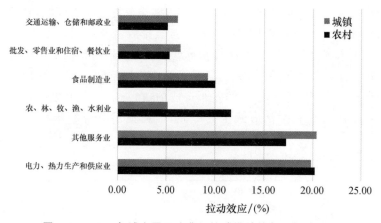

图7-10　2012年城乡居民消费间接碳排放的部门拉动效应

（2）按照类别测算的构成

从居民消费碳排放来源占比来看（见图7-11），居民消费的碳排放最主要来自"食""行""其他商品和服务"三大类，但城镇和农村的消费方式并不完全相同。"食品"依然是农村居民碳排放最大的类别，其次是"其他商品和服务"与"交通和通信"，分别是30.46%、17.74%、10.42%。对于城镇居民而言，比重最大的类别是"其他商品和服务"，为21.33%，超过"食品"所占的比重（19.13%）。"衣着"是除三大类之外占比最大的类型，城乡居民的占比分别为5.73%和5.17%；"家庭设备用品及服务""医疗保健""居住"的碳排放相差不大，处于1%～4%之间。拉动城乡碳排放类别差异的原因来自城乡居民生活方式、生活质量的差距，这一差距可以进一步在城乡居民不同收入水平家庭的消费支出构成中得到体现。

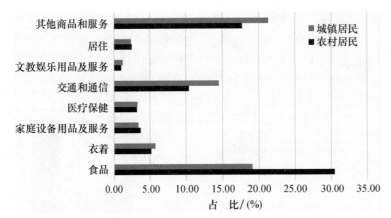

图 7-11　2012 年居民消费碳排放的来源占比

（3）不同收入水平家庭的间接碳排放

收入水平是影响居民消费碳排放的重要因素之一。Matthews 和 Weber（2007）利用多区域 LCA 法并结合居民消费支出调查研究美国家庭碳足迹，评价了教育、交通、能耗、休闲娱乐、服装、饮食等 13 个消费种类，发现低收入家庭碳排放主要集中在基本需求消费种类，且随收支水平增加，娱乐等高级消费种类的碳排放比重上升。我国城镇居民和农村居民生活消费间接碳排放随收入水平的变化情况分别见图 7-12 和图 7-13。按照中国统计年鉴的分类，所有家庭分为低收入、中低收入、中等收入、中高收入和高收入 5 组。从图中可知，无论城镇居民还是农村居民，随着收

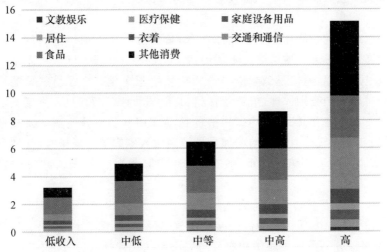

图 7-12　2012 年城镇居民不同收入水平下家庭人均间接碳排放

入水平的提高,各消费类别的间接碳排放都呈增加趋势。这主要是因为收入的增加会拉动居民消费的增长,进而拉动相应消费碳排放的增加(董会娟和耿涌,2012)。所以如果不采取额外的措施,未来随着居民收入水平的不断提高,居民消费对碳排放的拉动作用会越来越大。

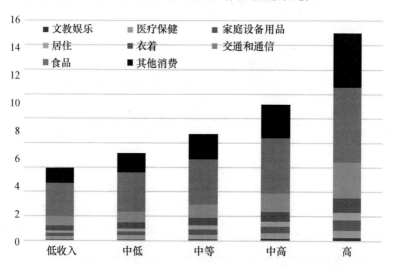

图 7-13　2012 年农村居民不同收入水平下家庭人均间接碳排放

从不同消费类别看,除食品、其他消费、交通和通信类别的碳排放所占比重随收入水平的增加而迅速增加外,农村居民其他消费类别的人均碳排放随收入的增加呈现出较为稳定的增长趋势。各消费类别的构成基本保持不变,即食品>其他消费>交通通信>衣着>家庭设备用品及服务≈医疗保健≈居住>文教娱乐服务,食品对农村人均碳排放的拉动作用始终最为显著。城镇居民不同消费类别的隐含碳排放随收入水平的增加也呈增加趋势,但是消费碳排放构成发生了变化。排在前三位的类别和农村居民的类别一样,依然是食品、其他消费、交通和通信,其增长趋势显著。不过,"食品"对人均碳排放的拉动作用要弱于其他消费及交通和通信,其中家庭交通工具的增加是导致高收入家庭消费碳排放(交通和通信)增加的主要因素。因此,食品、交通和其他服务是未来减排的重点领域。

3. 城乡居民消费碳排放路径分析

在引起城乡居民消费的间接碳排放路径中(见图 7-14 及图 7-15),前20 条路径分别覆盖了城镇和农村居民消费间接碳排放总量的 34.32% 和35.28%。其中,"电力、热力生产和供应业"路径所产生的排放远远超过其他部门。同时，大多数路径都以"电力、热力生产和供应业"结束，这可以归因于中国能源结构中对煤的高度依赖。此外，主要路径还有"交通运输、仓储和邮政业""其他服务业""农、林、牧、渔、水利业""食品制造业"和"批发、零售业和住宿、餐饮业"等。

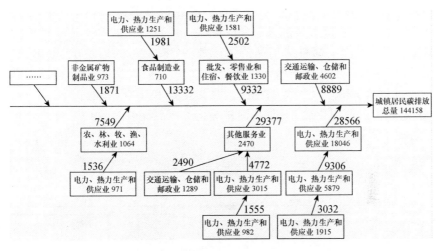

图 7-14 城镇居民消费碳排放路径（单位：10^4 t CO_2，下同）

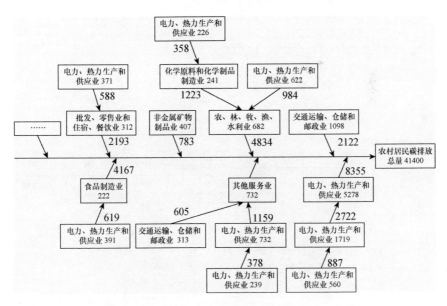

图 7-15 农村居民消费碳排放路径（10^4 t CO_2）

从城乡居民消费碳排放路径的对比中可以发现，"化学原料和化学制品制造业"仅在农村居民消费碳排放一级路径的"农、林、牧、渔、水利业"次级路径中出现两次。对 139 个部门碳排放路径的进一步分析发现，这部分碳排放主要来自化肥和农药在农业中的使用。在农产品碳排放中（图 7-16），来源于肥料和农药的拉动影响分别为 32.6% 和 6.9%，超过了"电力、热力生产和供应业"的影响（25.9%）。在畜牧产品碳排放中（图 7-17），来源于饲料加工品的碳排放为 38.7%，远远高于"电力、热力生产和供应业"的 4.9%。在渔产品中（图 7-18），来源于饲料加工品的碳排放为 27.1%，也高于"电力、热力生产和供应业"的 15.7%。因此，农业中因使用化肥、农药和饲料等化工产品而引起的 CO_2 排放值得关注。

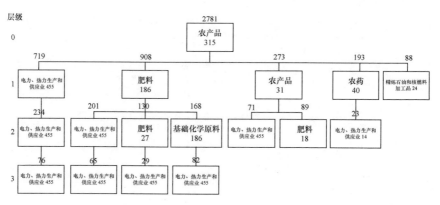

图 7-16　农产品碳排放路径图（10^4 t CO_2）

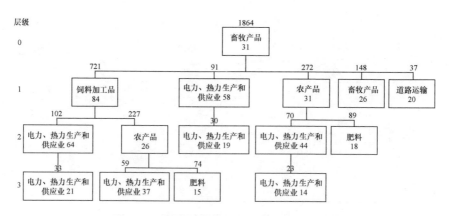

图 7-17　畜牧产品碳排放路径图（10^4 t CO_2）

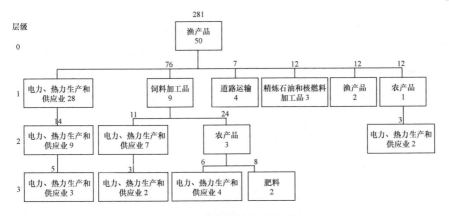

图 7-18 渔产品碳排放路径图(10^4 t CO_2)

近年来,随着城乡居民生活水平的提高,中国居民消费结构加快升级,城乡居民家庭恩格尔系数显著下降,居民消费由生存型向发展与享受型过渡,服务消费比重显著提高。因此,居民消费对"其他服务业"碳排放的拉动作用不容小觑。为此,本节对其他服务业的路径做了进一步分析(见图 7-19 和图 7-20)。结果显示,城乡居民"其他服务业"消费碳排放的绝对水平存在巨大差异,这可能主要受到城乡居民经济结构、收入、服务供给和消费政策等的影响(沈家文和刘中伟,2013)。不过,城乡居民"其

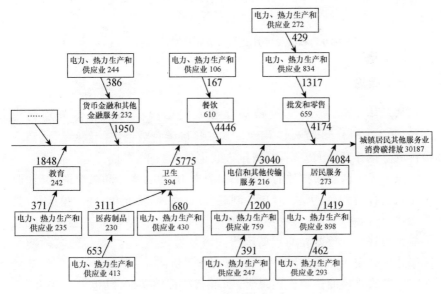

图 7-19 城镇居民其他服务业碳排放路径(10^4 t CO_2)

他服务业"消费碳排放的来源构成差异并不大，其碳排放主要来自居民服务、批发和零售、餐饮、卫生、电信和其他传输服务、货币金融和其他金融服务、教育等。从图 7-19 和图 7-20 中可知，电力、热力生产和供应业依旧是最大的碳排放部门。其中，城镇居民消费对医药制品、居民服务、货币金融和其他金融服务、保险业的碳排放拉动作用大于农村居民，而对批发零售和卫生部门的碳排放拉动作用略低于农村居民。

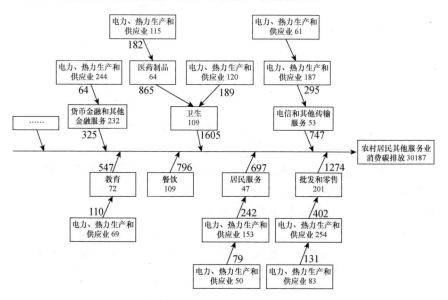

图 7-20　农村居民其他服务业碳排放路径（10^4 t CO_2）

三、结论

从总体上看，2012 年城镇居民和农村居民碳排放总量分别约为 1626.86 Mt CO_2 和 574.16 Mt CO_2，以间接碳排放为主。城乡居民消费碳排放总量存在较大差距，其减排方式也各有侧重。

城乡居民消费碳排放的主要部门为电力、热力生产和供应业，其他服务业，农、林、牧、渔、水利业，食品制造业，批发、零售业和住宿、餐饮业，交通运输、仓储和邮政业。城乡居民收入水平及消费结构的差异是造成城乡居民消费碳排放差异的重要因素。城乡居民消费对"食品""其他商品和服务"和"交通和通信"碳排放的拉动作用最明显。其中，农村居民消费对"食品"碳排放的拉动作用最大，而城镇居民消费对"其他商品和服务"碳排放的拉动作用最大。其余类别随收入的增加碳排放增幅不明显。城乡居民"其他服务业"消费碳排放绝对值存在差异,但其结构没有明显的差异。

随着我国城市化的推进,城乡居民的消费结构总体上呈现趋同态势。农村居民消费对医疗卫生、居民服务、娱乐等碳排放的拉动作用与城镇居民类似。此外,货币与货币金融服务这类高端服务业的市场主要集中在城市,所以对城镇居民消费碳排放的影响更大。

第四节 中国制造业碳排放路径结构分解[①]

在中国工业化进程的推动下,从 1992 年到 2012 年,中国制造业使用化石能源导致的 CO_2 排放占中国 CO_2 排放总量的 42%~44%。制造业作为中国实体经济的核心,对中国的工业化及经济发展意义重大,其进一步的发展也将使世界其他发展中国家受益(Haraguchi et al., 2017)。从 1992 年到 2012 年,每年中国制造业的 GDP 占中国 GDP 的比例维持在 31%~33%(World Bank, 2018)。中国加入 WTO 后,制造业的发展速度惊人。2007 年,中国制造业增加值占全球的份额接近 12%,仅次于美国,是世界制造业第二大国,并在 2010 年成为世界第一,占全球份额的 19.8%。目前,中国被广泛认为是全球制造工厂。可以预见,作为中国经济发展的引擎,中国制造业仍将进一步扩张,显然,这种情况也会导致 CO_2 排放量的进一步增加(Xu and Lin, 2017)。因此,研究中国制造业碳排放并采取相关的减排措施是十分重要的。

制造业部门不仅自身产生排放,还会以向其他部门提供产品的方式影响到其他部门的排放。因此,通过与其他部门的产品供应关系,找到碳排放的路径,对于解决制造业的碳排放问题具有重要意义。目前,中国制造业正向高新技术方向发展,各产业之间的关系日趋复杂(Li, 2017),因此,从产品供应链角度研究中国制造业碳排放并制定具体的减排政策,对于减少中国制造业的碳排放更是至关重要。

在这样的背景下,本节定位了 1992—2012 年间影响中国制造业生命周期碳排放变化的关键路径,并分析这些路径产生的原因及其政策启示。独创性在于,第一,以中国制造业为研究对象,定位并分析了碳排放路径

---

① 来源:Yushen Tian, Siqin Xiong, Xiaoming Ma. Structural path decomposition of carbon emission:A study of China's manufacturing industry. Journal of Cleaner Production, 2018, 193:563-574.

的变化。第二，将结构分解分析（SDA）的加权平均法应用到了结构路径（SPD）方法中以求得精确解。第三，使用 sankey 图表达 SPD 结果。这能够更好地表现计算结果，并帮助读者理解，同时有助于更为便捷地对结果进行分析与讨论。

本节余下内容的结构如下：第二部分回顾了最新的制造业碳排放相关研究，第三部分是数据来源与具体模型，第四部分对计算结果进行分析；第五部分对分析结果作出总结，并归纳主要的政策建议。

一、文献综述

对于制造业碳排放问题，很多学者针对其直接碳排放（即燃烧化石能源产生的碳排放）使用以下几种方法进行了研究（表 7-11）。

表 7-11　有关制造业直接碳排放的主要研究

作者（年份）	地　区	研究时段	主要模型
Wang et al.（2018）	中国	2001—2012	面板数据
Xu and Lin（2017）	中国	2000—2014	面板数据
Lin and Chen（2018）	中国	1980—2013	协整检验
Li et al.（2017）	中国	1980—2014	向量自回归模型
Xu et al.（2017）	中国	2000—2015	地理加权回归模型
Lin and Xu（2017）	中国	2000—2015	分位数回归模型
Yuan et al.（2017）	中国	2003—2013	面板数据
Yang et al.（2017）	中国	2001—2011	优化模型
Mi et al.（2017）	中国	1995—2014	优化模型
Kang et al.（2018）	中国	2006—2014	优化模型
Du and Lin（2017）	中国	1991—2014	LMDI
Lin and Tan（2017）	中国	1986—2014	LMDI
Xu et al.（2016）	中国	1995—2012	LMDI
Guo et al.（2017）	中国和经合组织国家	2000—2010	优化模型
Mousavi et al.（2017）	伊朗	2003—2014	LMDI
Norman（2017）	英国	1997—2012	LMDI

第一，基于面板数据，使用计量经济学模型探究影响制造业碳排放的各项因素之间的关系。例如，Wang 等（2018）利用协整方法和全面修正

普通最小二乘法（FMOLS），基于动态综合评价法（DCM）研究了 28 个中国制造业部门的最优排放规模及制造业集聚作用等，并根据环境法规的强度对制造业部门进行了分类。结果表明，政府应该采取环境监管强度普遍提高的政策，并根据不同的制造分部门采用异构的监管手段，以提高制造业集聚的减排效果。Xu 和 Lin（2017）使用 2000—2014 年的面板数据，考察了制造业在区域层面 CO_2 排放的驱动力。结果表明，经济增长决定了制造业的 CO_2 排放量，其影响因地区而异。Lin 和 Chen（2018）采用协整方法检验了 1980—2013 年间能源消费与三个解释变量之间的长期均衡关系，并用情景分析法预测了中国制造业的能源需求。结果表明，制造业能源需求与影响因素国民生产总值（GDP），能源价格和产业结构之间存在长期均衡关系。Li 等（2017）基于 1980—2014 年的时间序列数据，利用 VAR 模型探索各种因素对制造业能源强度的影响规律。结果表明，短期内全社会固定资产投资结构，技术进步，经济发展水平和产权结构对能源强度影响较大。随着技术进步率的提高，制造业能源强度开始降低。随着高耗能行业固定资产投资比重的增加，制造业能源强度开始上升。Lin 和 Xu（2017）应用分位数回归方法研究了高、中、低排放水平下 CO_2 排放的驱动力，为制造业减排提供了现实依据。实证结果表明，不同分位数的省份排放所受的影响因素各不相同，政府应该关注 CO_2 减排过程中驱动力对不同分位数的 CO_2 排放的异构效应。Xu 等（2017）采用地理加权回归模型研究了制造业碳排放驱动力的非平稳性空间效应。结果表明，经济增长对 CO_2 排放有正向影响，其影响从东部地区向中西部地区不断下降。东部和中部地区能源效率的影响力要强于西部地区。Yuan 等（2017）采用 2003—2013 年中国制造业 28 个子行业的面板数据，按照生态效率水平将其划分三组，分别探讨环境规制对技术创新和生态效率的影响。研究结果表明，目前的环境监管水平还不足以促进生态效益的提高。环境规制对技术创新和生态效率的影响存在行业异质性。

第二，使用对数均分指数（LMDI）模型对制造业碳排放的驱动因素进行分解研究。Mousavi 等（2017）量化了关键驱动因素对伊朗 CO_2 排放的贡献。研究结果强调，伊朗 CO_2 排放的主要驱动因素是消费量的增加。额外的天然气产能有助于改善能源结构。Norman（2017）将分解分析的活动重构（AR）方法与 LMDI 等方法进行比较，对 1997—2012 年间英国工业部门排放因素进行了研究。结论表明，当货币产量是衡量活动的唯一指标时，强度（效率）的改善被高估了。Du 和 Lin（2017）采用

LMDI 模型分析 1991—2014 年中国 CO_2 排放量的变化。实证结果表明，影响中国冶金行业 CO_2 排放的主要因素有三个：劳动生产率，能源强度和行业规模。Lin 和 Tan（2017）利用卡亚等式和 LMDI 研究了影响中国能源密集型产业 CO_2 排放的主要因素。结果表明，工业规模和劳动生产率是增加 CO_2 排放的主要因素，而能源强度对排放是负面的。Xu 等（2016）根据中国不同阶段和行业的能源消费碳排放情况，将中国碳排放量分解为能源结构、能源强度、经济结构和经济产出效应。结论表明，碳排放增长程度取决于能源效率和经济产出的综合影响。推动碳排放的主要因素是各个阶段的经济产出效应，抑制碳排放的主要因素是能源强度效应。经济和能源结构在每个阶段只对碳排放产生适度影响。

第三，使用优化模型评价制造业环境与经济表现或预测排放峰值。Kang 等（2018）采用数据包络分析（DEA）模型来考察 2006—2014 年间中国制造业的能源环境绩效。结果表明，中国应加大投资力度，加大研发投入，提高轻工业环境能源效率。Yang 等（2017）利用基于随机前沿分析（SFA），对 2001—2011 年中国各个产业子行业的节能技术进步率进行了估算和比较。结果表明，尽管不同产业子行业节能技术进步率存在明显差异，但中国工业节能技术进步总体上呈上升趋势。Guo 等（2017）使用动态 DEA 模型来评估经合组织国家和中国基于化石燃料 CO_2 排放的政策执行效率的跨时效率。结果表明，大多数国家的能源效率有提高，经合组织中 27 个国家应该增加能源存量以提高能源使用效率。Mi 等（2017）基于投入产出优化模型，结合情景分析预测了中国碳排放达峰时间，评估了 1995—2014 年中国碳减排与经济增长之间的权衡关系。结果显示，如果 GDP 年增长率限制在 4.5％以下，中国可能在 2026 年达到 CO_2 排放峰值。

这些文献都是对制造业直接碳排放（也即燃烧化石能源产生的碳排放）的减排研究，结论多集中于直接碳排放的减排措施。从直接碳排放角度看，制造业的碳排放问题是各部门独立的生产活动所致。但各部门在生产产品时，都会从自身以及其他有关部门获得供给，也同时会为其他部门提供产品。考虑到这一点，考量整个碳排放的产生过程中涉及的所有部门显然更系统，据此做出的政策建议也更有效率。这意味着确定制造业碳排放影响因素并识别这些因素对路径碳排放的影响是十分重要的。为了完成这一任务，需要关注生命周期碳排放（Minx et al.，2009），也即由最终需求引发的碳排放。

在生命周期视角下，定位碳排放量大的关键路径可以对产品的生命周期制定更有效的减排政策,这就需要使用 SPA 方法(Defourny and Thorbecke,1984),很多学者在碳排放研究领域使用了这一方法。Yang 等(2015)利用 SPA 方法定位了最终使用的关键路径和生产链中的重点部门。结果表明,未来的家庭消费缓解政策应改变农村地区的直接能源使用结构,减少对电力和化工产品的不合理需求,政府应以城市为重点,通过管理服务部门和在运输部门推广清洁燃料和节能技术来解决政府开支的影响。投资政策应以产业链为重点,特别是服务业、建筑业和装备制造业。Peng 等(2016)对中国 2009 年钢铁行业的碳排放进行了分析,结果表明钢铁行业的直接需求和其他行业对钢铁行业的间接需求导致了大量碳排放。Hong 等(2016)等也采用此法对建筑业进行了分析,结果表明"非金属矿物制品业"和"金属冶炼及压延加工业"间接导致了建筑业的大量排放。Zhang 等(2017)利用投入产出分析和结构路径分析将中国经济的整个供应链从能源到最终消费进行了连接。结论表明,从巨大经济成本的制造业转型中国经济工业建设和服务不能从根本上节约能源。

为了有效减排,从生命周期角度寻找影响碳排放的因素非常重要,本节使用 SDA 法来测算各因素对碳排放的影响(Dietzenbacher and Los,1998)。现有文献对生命周期碳排放影响因素的分解方式主要有 SDA 法和指数分解分析法(IDA)两种方法。后者主要用于分析与温室气体排放有关的连续时间相关因素,无法在考量部门间关系的情况下评估碳排放影响因素(Hoekstra and van den Bergh,2002)。有很多学者对使用 SDA 方法对碳排放进行了研究(见表 7-12)。Liu 和 Wang(2017)通过 SDA 法评估了中国工业 SO_2 和 COD 排影响因素的贡献。研究表明,2007—2010 年 SO_2 排放量有所下降,主要是由于建筑部门投入结构的改善;国内需求是增加国内排放的主要因素;国内投资的变化是造成 SO_2 排放量增加和最终消费的主要原因。Dong 等(2018)使用 SDA 法对 1992—2012 年中国的碳排放强度进行了研究。结果表明,工业部门是节能减排的关键部门。能源效率对降低排放强度贡献最大,而投入结构、最终需求结构和最终产品结构是阻碍减排的因素。Liu 和 Liang(2017)对中国 2007—2012 年间 41 种最终产品的 CO_2 排放的变化进行了结构分解分析。结果显示,减排的主要驱动力是技术效果。Deng 和 Xu(2017)应用 SDA 方法来量化中国、印度、日本和美国体现碳交易的规模和结构的变化。结果显示,直接碳排放系数的下降将导致进出口减少以及体现碳的自我消耗。Meng 等(2017)提出了一种基于投入产出的替代空间结构分解分析,以阐明国内区域异质性的重要性和区域间溢出效应对中国

区域 CO_2 排放量的影响。结果表明,大多数地区的最终需求规模、最终支出结构和出口规模的变化对其他地区的 CO_2 排放量增长具有积极的空间溢出效应。Wu 等(2016)使用双边贸易中体现的排放(EEBT)方法估算了 2000—2009 年间中国和日本之间的 CO_2 排放流量。结果显示,贸易量是排放量增加的主要驱动因素,技术改进导致排放下降。Wei 等(2016)利用投入产出分析方法检验了 2000—2010 年北京工业与能源有关的 CO_2 排放量。结果表明,经济结构的变化和经济的快速增长导致北京 CO_2 排放量的大幅增长。Su 和 Thomson (2016)分析了中国 135 个行业的普通和加工出口中碳排放变化背后的驱动力。结果表明,排放强度在减少排放方面发挥了关键作用,而出口对排放增加的贡献最大。如 Lin 和 Xie (2016),使用 SDA 法分析了 1992—2010 年中国食品制造业的碳排放影响因素,结果表明总产出和能源强度是主要影响因素;Zhao 等 (2016)使用这一方法对 1995—2009 年中美贸易造成的碳排放影响进行了分析,结果表明家用产品的贸易结构和出口是中美贸易中导致中国隐含碳排放增加的主要因素。

表 7-12　SDA 法在碳排放研究中应用的最新进展

作者(年份)	研究时期	分解的影响因素
Liu and Wang (2017)	2005—2010	污染物系数,生产结构,最终进口系数,出口和国内最终需求
Dong et al. (2018)	1992—2012	能源结构,能源强度,投入结构,最终需求结构,最终产品结构
Liu and Liang (2017)	2007—2012	碳排放系数,能源结构,能源强度,经济结构,经济产出
Deng and Xu (2017)	1995—2009	碳排放系数,产业结构,贸易量
Meng et al. (2017)	2007—2010	碳强度,产业结构,最终需求
Wei et al. (2016)	2000—2010	技术,部门联系,经济结构,经济规模
Su and Thomson (2016)	2006—2012	碳强度,产业结构,最终需求(出口)
Lin and Xie (2016)	1992—2010	排放因子,能源结构,能源强度,中间使用,国内最终需求,进口替代,出口延伸
Zhao et al. (2016)	1995—2009	能源排放因子,能源利用结构,能源强度
Wu et al. (2016)	2000—2009	出口量,生产活动比例,技术水平

采用 SDA 方法,虽然可以计算出不同因素对碳排放变化的影响,但却不能发现这些因素在造成碳排放的各条路径中是怎样发挥影响的。SPA 方法只能研究一个年度的供应链碳排放情况,无法分析是何种因素导致了生产链排放发生了什么样的变化。因此,为避免产生上述问题,本节拟使用 SPD 法(Wood and Lenzen,2009)对中国制造业碳排放予以研究。

近年来有部分学者使用 SPD 这一方法探究碳排放。SPD 的开发者 Wood and Lenzen(2009)以澳大利亚 1995—2005 年的数据为基础,进行供应链碳排放的实例研究,结果表明畜牧业和电力业的排放生产路径变化最大,国内最终需求和出口是主要的排放影响因素。基于环境投入产出模型,Gui 等(2014)等使用该方法对 1992—2007 年的中国路径碳排放进行了定位。除得到多条高排放影响路径外,结果还表明,直接碳排放强度是减排的主要因素,同时单位最终需求是排放增加的主要原因。不过,该研究将制造业近一半的部门归入了“其他制造业”中,并没有单独针对中国制造业碳排放进行系统性研究。另外,该研究没有使用非竞争性投入产出表。事实上,加工出口每美元的排放量远低于一般出口每美元的排放量。因此,在不使用非竞争性投入产出表的情况下,计算出的排放量可能高于实际情况。此外,上述研究并未将“加权平均分解”应用到 SPD 方法中,以得到更准确的测算结果(Li,2005)。

二、方法与数据

1. 方法

(1) 环境投入产出法

关于环境投入产出的说明见第一章第二节。在投入产出表中最终需求分为 6 种类型:农村居民消费、城镇居民消费、政府消费、存货增加、固定资本形成总额、出口。需要说明的是,投入产出表显示,制造业在 1992—2012 年间的政府消费皆为 0,因此本节仅计算其他 5 类最终需求引发的碳排放。本节将这 5 种类型分别简称为“农村”“城市”“投资”“库存”和“出口”。

(2) 结构路径分解法(SPD)

关于 SPD 方法详细说明见第四章第二节。通过使用上述 SPD 方法,可以将 CO_2 排放驱动因素的具体影响分解到供应链层面,从而实现对 CO_2 排放变化更为微观的观察。

2. 数据

(1) 直接碳排放数据

根据政府间气候变化专门委员会(IPCC,2006)的准则,本节使用部门方法估计了 1992—2012 年间的直接碳排放,具体方法见第五章。此外,本节采用支出法计算各部门的实际 GDP,从而可以根据投入产出表,利用碳排放强度来计算 CO_2 排放量。

(2) 可比价非竞争进口型投入产出表

可比价非竞争进口型投入产出表的编制方法见第二章第三节。为了使投入产出表的部门分类与温室气体排放数据的部门分类一致,本节根据《国民经济产业分类和代码标准》(GB/T 4754-2017)(国家标准化管理委员会,2017),将国民经济部门合并为 35 个部门,如表 7-13 所示。此后,为了方便起见,表 7-13 中的数字用于表示各个部门。需要指出的是,中国的制造业包括表 7-13 中序号 7~24 的行业。

表 7-13　国民经济行业分类与代码

序号	部　门	序号	部　门
1	农林牧渔业	19	电气、机械及器材制造业
2	煤炭开采和洗选业	20	通信设备、计算机及其他电子设备制造业
3	石油和天然气开采业	21	仪器仪表及文化办公用机械制造业
4	金属矿采选业	22	其他制造业
5	非金属矿采选业	23	废品废料
6	开采辅助服务和其他采矿产品	24	金属制品、机械和设备修理服务
7	食品制造及烟草加工业	25	电力、热力的生产和供应业
8	纺织业	26	燃气生产和供应业
9	服装皮革羽绒及其制品业	27	水的生产和供应业
10	木材加工及家具制造业	28	建筑业
11	造纸印刷及文教用品制造业	29	交通运输及仓储业
12	石油加工、炼焦及核燃料加工业	30	邮政业
13	化学工业	31	批发和零售业
14	非金属矿物制品业	32	住宿和餐饮业
15	金属冶炼及压延加工业	33	金融保险业
16	金属制品业	34	房地产业
17	通用、专用设备制造业	35	其他服务业
18	交通运输设备制造业		

三、结果与分析

表 7-14 显示了 SPD 计算结果(表格在本节末尾)。本节将供应链首端的部门称为"供应部门",因为这些部门供应了整条生产链的原材料。同样,路径末端部门的最终需求导致了供应部门的生命周期排放,本节将这些部门称为"需求部门"。在这 20 条路径中,碳排放增加的路径,其增加量分别占各个阶段总量的 20%,16%,26%,20%;碳排放减少的路径,其减少量分别占各个阶段总量的 14%,12%,9%,11%。"排名"一栏显示了受前文所述三因素影响,路径按碳排放变化大小的排名;"CO_2 量"一栏显示了该条路径受三因素中某个因素影响变化的排放量;"路径"一栏显示的是该路径的具体内容,"→"表明了该路径的产品流动方向;"因素"一栏,显示了导致该条路径碳排放发生变化的具体因素。

为了在 SPD 结果所呈现的路径排放变化中,找出中国制造业碳排放变化的原因及其对中国碳减排的启示,下文拟从以下两方面对计算结果进行分析:一是找出排放变化大的部门所在路径,关注它们的具体驱动因素及最终需求,这样可以发现供应部门在该路径的减排手段;二是观察排放路径的层级与部门的关系——这种关系系统地展现了中国制造业供应链碳排放的变化,这对考量产品生产链的减排政策的制定有重要意义。

1. SPD 实证结果在驱动因素层面上的分析

将表 7-14 按阶段分别绘制成图 7-21~图 7-24,能够突出供应链排放变化受驱动因素及最终需求的影响。从驱动因素上看,图 7-21~图 7-24 表明,ΔF 一直是减少碳排放的主要驱动因素。在第四阶段,ΔA 的变化减少了少量排放,但相比于其他两个因素引发的排放变化,几乎可以忽略不计。Δy 引发了大量排放。结合表 7-12 可以发现,ΔF 引发的排放减少,主要归功于部门 7、13、15、25 的 ΔF 减少。减少的排放主要源于这些部门自身用于固定资产投资和出口的产品。Δy 引发的排放增加远大于 ΔF 减少的排放,但是从第三和第四阶段的趋势上看,增加的排放量在不断减少,减少的排放量也在不断增加。这表明,中国制造业的减排技术有待进一步改进,而部门供需关系还有很大的减排潜力(Zhixin and Qiao,2011;Tian et al.,2014)。

最终需求方面,大部分时候,出口和投资的增长引发了大量排放。出口引发的碳排放增长在前三个阶段尤为明显,这与 Liu 等(2010)关于隐含能源的研究以及 Gui 等(2014)的研究结论一致。而这些排放主要是由装备制造业部门(部门 17、18、19、20)和制造业中的原材料制造部门(部门 14、15)引发的，排放主要由部门 13、14、15 产生。部门 17 的投资增加，引发了主要的排放增长，这在第四阶段最为明显。同样值得注意的是，在第四阶段，出口引发的排放增加已经很少，减少的排放量却很多；而投资引发的排放增加量成为主要力量，这主要与第四阶段中国计划大力发展制造业，从而投入了大量资金有关(Li，2017)，这也与 Chen 等(2017)的研究结果一致。因此，为遏制碳排放增加的势头，中国在发展制造业时，应当选择投资原材料排放强度低的部门，或者首先增加技术研发投入，否则在未来的制造业发展中很可能伴随着巨大碳排放的增长。

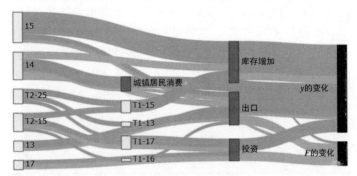

图 7-21　第一阶段前 20 个供应链的生命周期 CO_2 排放变化桑基图

注：从左到右，条形流量的宽度表示总排放量的变化量。详细数据见表 7-14。深色流量表示排放量减少；灰色表示排放量增加。考虑到许多部门在不同的路径中在不同的位置出现(例如表 7-14，部门 15 出现在了第一阶段、路径 1 和路径 5。这两条路径分别是一阶路径和二阶路径，部门 15 在这两条路径中分别是需求部门和供应部门)，本节使用"T"标记来区分这两个事实。在一阶路径中，不使用标记；在二阶路径中，路径开端的供应部门标为"T2-"，需求部门标为"T1-"；在三阶路径中，供应部门标记为"T3-"，下一个部门标记为"T2-"，路径结尾的需求部门标记为"T1-"。这种区分可以增强部门在供应链中的作用(无论是供应部门还是需求部门)。图 7-22～图 7-24 相同。

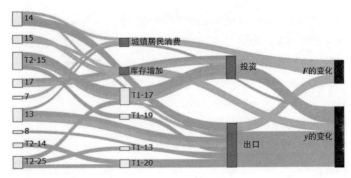

图 7-22　第二阶段前 20 个供应链的生命周期 CO_2 排放变化桑基图

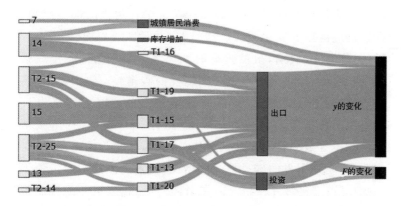

图 7-23　第三阶段前 20 个供应链的生命周期 CO_2 排放变化桑基图

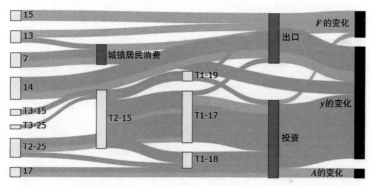

图 7-24　第四阶段前 20 个供应链的生命周期 CO_2 排放变化桑基图

2. SPD 实证结果在供应链层面上的分析

一阶层级路径表明的是如何对部门进行单个减排,高层级路径(包括二阶层级和三阶层级路径)更有助于关注需求部门所使用的产品。在表 7-14 中,总体上看,路径的层级从第一阶段到第四阶段是逐渐增加的。第一阶段中,一级层级的路径有 12 条,二级层级的路径有 8 条;第二阶段,一级层级的路径有 10 条,二级层级的路径有 10 条;第三阶段,层级的路径仅有 5 条,而二级层级的路径有 15 条;到了第四阶段,一级层级的路径有 6 条,二级层级的路径有 12 条,三级层级的路径有 2 条。高层级的路径排放排名不断上升,这是因为,中国的减排政策大多针对单个部门,但是对于高层级、涉及多个部门的生产链排放关注不够(Hong et al.,2016)。此外,产业链延伸的影响也起着重要作用(Li and Hu, 2017; Liu et al.,2017)。

在一阶路径中,有一些部门在每个阶段都作为供应部门出现了,并且所在的供应链排放变化很大。部门13(化学工业)是其中之一。在第一阶段,路径2、15表明,虽然这一时期化学工业产品的碳排放强度有所下降,但不足以抵消因出口增加而引发的碳排放。第二阶段中,路径3、5、10、15显示了化学工业的碳排放增加主要原因依然是出口的增加;同时,生产技术得到了极大的改善(路径3)。与此同时,城镇居民消费的增加也导致了化学工业的碳排放增加,这是与第一阶段不同的。在第三阶段,出口引发的碳排放急剧增加,技术的改进只能抵消不到三分之一的排放(路径3、7、14)。而在第四阶段,化学工业的排放得到了有效治理(路径10、15)。出口增加引发的该部门碳排放非常小,已经没有出现在表中,而技术改进也使得化学工业的出口产品碳排放降低了。同时,城市居民消费对化学工业产品的需求增长导致了碳排放的增加,这与相关研究的结果是吻合的(Zhu et al.,2010;Li et al.,2017;Shi et al.,2017)。

在一阶路径中,部门14(非金属矿物制品业)路径排放的变化也很大。在第一阶段,路径2表明,城市消费的增加直接导致该部门的排放增加。相比之下,路径4表明库存的减少导致了下降。排放的出口部门14被发现(第一阶段、16和17)下降,ΔF 变化也导致排放引起的城市住宅的消费下降(路径18)。然而,部门14碳排放量的下降并没有完全抵消增加的排放量。在第二阶段,路径1和路径19,该部门的排放量仍在增加,但部门14增加排放量的最终需求主要是出口而不是农村住宅消费,这与第一阶段不同。在第三阶段,路径2和路径10表明,出口增加导致了部门14的碳排放增加;然而,城市居民在化工产品上的支出减少,导致碳排放减少(路径8)。这种现象主要是因为中国在2002年加入了世界贸易组织;因此,在第三阶段,非金属矿产工业的出口大幅度增加。在第四阶段,碳排放的非金属矿产工业出口仍在增加(路径2),而路径7表明,ΔF(非金属矿产)出口下降。这与 Zhang 和 Chen(2010b)的结果一致。这些结果表明,非金属工业消耗了大量的煤炭,因此,政府应该集中精力减少煤炭消费产品的生产或提高该部门的生产技术。

金属冶炼及压延加工业(部门15)的低层级路径排放变化也很大。在第一阶段,路径4、10表明碳排放强度的减少远不能抵消出口导致该部门增加的排放。在第二阶段,路径 13 表明该部门的低碳生产技术已有所改进。第三阶段,路径 1 表明出口的增加依然是该部门碳排放增加的最大诱因。第四阶段,路径 4 表明中国已经在有意识减少部门 15 的出口量。鉴于该部门碳排放依然很大的事实,政府应当进一步减少该部门出口产品的碳排放,尤其是回收钢和铝及铝制品(Zhang and Chen,2010b)。同时,Wang 和 Zhao(2017)指出,建立投资体系鼓励清洁生产可以有效减少该部门有色金属的碳排放强度。

减少一阶路径的排放,就是在减少部门本身的排放。总的来说,由于上述一阶路径的排放增加量在总排放增加量中占比很大,因此政府应当着重减少部门 13、14、15 出口产品排放,这也与本节"三、结果与分析"部分中"SPD 实证结果在驱动因素层面上的分析"的结论是一致的。在高层级的路径中,大部分关键路径都起源于电力部门(部门 25)(80条路径中共计有 18 条,各阶段分别有:3、5、6、4 条)以及金属冶炼及压延加工业(部门 15)(80 条路径中共计有 24 条,各阶段分别有:7、4、6、7 条)。

以金属冶炼及压延加工业(部门 15)作为供应者的高层级路径排放变化很大。这些路径中,作为需求者的部门主要是金属制品业(部门16)、通用专用设备制造业(部门 17)和交通运输设备制造业(部门 18)(第一阶段,路径 3、7、11、17、20;第二阶段,路径 2、8、9、18;第三阶段,路径 4、6、9、16、17、19、20;第四阶段,路径 1、3、10、12、13、16、18)。导致这些路径排放增加的原因主要是投资和出口的增加。相关研究表明(Zhang and Chen,2010b;Lu,2017;Wang and Zhao,2017),部门 16、部门 17 和部门 18 对部门 15 的产品消耗导致了大量碳排放,这与本节的研究结果一致。然而,他们没有指出排放量大的具体供应链。部门 16、17、18 对部门15 的产品需求多是刚性需求,因此政府应当减少部门 15 对部门 16、17、18 所供给产品的碳排放强度。部门 16、17、18 均属于装备制造业。这也与《"十二五"规划纲要》(国务院,2011)中提到的中国装备制造业基础制造水平落后、低水平重复建设问题依然突出的现象吻合。

电力部门(部门 25)作为供应部门的路径,其排放变化在高层级路径中也很大。在表 7-14 的路径中,电力部门(部门 25)主要给化学工业(部门 13),金属冶炼及压延加工业(部门 15),通用专用设备制造业(部门 17)的最终需求提供原材料(第一阶段,路径 5、9、16;第二阶段,路径 6、10、

11、19、20；第三阶段，路径 5、11、13、14、18；第四阶段，路径 5、15、17、20）。这与 Wang 等（2017）对于 1995—2009 年部门间能源使用关系的研究结论吻合。部门 15 的产品主要用于出口和消耗大量电力，应当通过提高他们的能源使用效率来减少排放（Zhang et al.，2018）或者增加核电站的数量（Xu and Lin，2017）。部门 17 投资增加导致用电量的上升主要与"十二五"期间装备制造业蓬勃发展有关（国务院，2011）。中国政府应该提高该部门的电力使用效率。由于 ΔF 的减少，部门 25 作为供应部门的路径碳排放不断下降。因此，减少需求部门为部门 25 的高阶路径排放，政府应该减少部门 25 的 ΔF 并提高部门 13、15 和 17 的发电效率。例如，部门 13 产品的用电量主要与化学纤维（Lin and Zhao，2015）和氨（Zhu et al.，2010）产量的增加有关。中国政府可考虑适当减少这些产品的出口供应，或者优化出口结构。

四、结论

本节通过使用 SPD 法，分析了三种因素（碳排放强度、投入产出结构、最终需求）在 1992—2012 年对制造业关键路径的影响。主要结论如下：首先，大多数路径排放的减少主要是由碳排放强度下降导致的；排放的增加主要是由于最终需求的上升。碳排放的主要驱动因素为出口和投资。其次，大多数一阶供应链的供应部门是部门 13（化学工业）、14（非金属矿物制品业）和 15（金属冶炼及压延加工业）。最后，大多数高阶供应链的供应部门是部门 15（金属冶炼及压延加工业）和部门 25（电力、热力的生产和供应业）。因为最终需求的增加，这些路径的 CO_2 排放量大量增加，例如，"15→17→投资"，"15→15→17→投资"，"15→18→投资"，"15→16→出口"，"15→19→出口"，"25→17→投资"，"25→15→出口"和"25→13→出口"。

减少碳密集型产品的数量是减少碳排放较为有效的方法。同时，降低碳排放强度可能是消除某些部门刚性需求造成排放的有效途径。最终需求方面，政府在制定减排政策时，需要注意减少高排放产品的出口和投资。此外，为控制中国制造业与能源相关的碳排放，制定具体到部门层面的产品供应链政策十分重要。后续研究可以从投入产出关系的分解入手，进一步对供应链碳排放进行研究。

表 7-14　中国制造业碳排放路径结构分解：1992—2012 年

（单位：Mt CO₂）

排名	1992—1997（第一阶段）			1997—2002（第二阶段）			2002—2007（第三阶段）			2007—2012（第四阶段）		
	CO₂量	路径	影响因素	CO₂量	路径	影响因素	CO₂量	路径	影响因素	CO₂量	路径	影响因素
1	54.92	15→库存	Δy	16.57	14→出口	Δy	94.38	15→出口	Δy	42.3	15→17→投资	Δy
2	33.21	14→城市	Δy	11.14	15→17→投资	Δy	48.91	14→出口	Δy	33.85	14→出口	Δy
3	20.93	13→出口	Δy	−10.56	13→出口	ΔF	29.23	13→出口	Δy	26.26	15→18→出口	Δy
4	−19.4	14→库存	Δy	−9.14	17→投资	ΔF	27.48	15→15→出口	Δy	−24.06	15→出口	Δy
5	17.33	25→15→库存	Δy	8.94	13→出口	Δy	25.8	25→15→出口	Δy	22.43	25→17→投资	Δy
6	16.08	15→15→库存	Δy	−8.94	15→库存	Δy	24.5	15→17→投资	Δy	18.53	7→城市	Δy
7	14.43	15→17→投资	Δy	8.6	25→17→投资	Δy	22.95	25→13→出口	Δy	−18.03	14→出口	ΔF
8	13.96	15→出口	Δy	8.57	14→20→出口	Δy	−21.1	14→城市	Δy	−16.47	13→出口	ΔF
9	13.73	25→13→出口	Δy	8.5	15→19→出口	Δy	19.22	15→19→出口	Δy	−16.45	7→城市	ΔF
10	−13.66	17→投资	Δy	−7.37	15→17→出口	ΔF	−18.92	14→出口	ΔF	13.24	15→15→17→投资	Δy
11	11.25	17→投资	Δy	7.31	25→13→出口	Δy	17.34	25→17→出口	Δy	12.81	17→投资	Δy
12	−11.01	15→17→投资	ΔF	6.64	25→20→出口	Δy	17.16	14→20→出口	Δy	12.09	15→19→出口	Δy
13	10.25	25→17→投资	Δy	6.29	17→投资	Δy	16.67	25→20→出口	Δy	12	13→城市	Δy
14	−9.26	15→出口	ΔF	−5.82	15→出口	Δy	−16.43	25→13→出口	ΔF	11.8	15→17→出口	Δy
15	8.86	15→16→出口	Δy	−5.52	7→城市	Δy	−15.35	25→17→投资	ΔF	11.73	25→18→出口	Δy
16	−8.53	14→城市	Δy	−5.08	14→库存	Δy	15.32	7→城市	Δy	11.46	15→19→出口	Δy
17	−8.21	14→出口	Δy	4.94	13→城市	Δy	15.25	15→19→出口	Δy	−10.55	25→17→投资	ΔA
18	−7.77	15→库存	Δy	4.93	8→出口	Δy	14.70	15→17→出口	ΔF	−10.42	15→17→出口	ΔA
19	7.31	15→库存	ΔF	−4.81	14→库存	ΔF	13.80	14→库存	Δy	−9.85	17→投资	ΔF
20	−7.25	13→出口	ΔF	4.76	15→17→出口	Δy	13.68	15→16→出口	Δy	9.05	25→15→17→投资	Δy

第五节　中国 2030 年碳排放增长情景分析

中国政府已提出到 2030 年左右实现碳排放峰值的目标，并且 2030 年单位国内生产总值 CO_2 排放需比 2005 年下降 60％～65％。本节基于投入产出模型分析 2030 年中国的三种碳排放情景，探讨减排目标的实现途径。首先，阐述分析方法并定义排放情景。其次，结合关键驱动因素和关键部门的分析设定情景值。最后，从碳排放总量及单位 GDP 排放角度分析各情景。

一、分析方法

从碳排放的影响因素角度考察中国未来的碳排放情景，见式(7-10)～式(7-13)。分析式中各变量在不同情景下的变化趋势即可估算目标年的碳排放。

$$b_{ind} = R_{ind} L_d Y_{str} Y_{cat} y_{vol} \tag{7-10}$$

$$b_{res} = R_{res} Y_{res}^T \tag{7-11}$$

$$v = A_v L_d Y_{str} Y_{cat} y_{vol} \tag{7-12}$$

$$b_{gdp} = \frac{b}{v} = \frac{b_{ind} + b_{res}}{v} \tag{7-13}$$

其中，b_{ind} 为生产性碳排放总量，b_{res} 为消费性碳排放总量，b_{gdp} 为单位国内生产总值碳排放，b 为碳排放总量，v 为国内生产总值，R_{ind} 为各生产部门单位产值直接碳排放向量，R_{res} 为单位最终需求直接碳排放向量，L_d 为里昂惕夫逆矩阵 $(I-A_d)^{-1}$，Y_{str} 为最终需求的部门结构矩阵，Y_{cat} 为最终需求的类型结构向量，y_{vol} 为最终需求规模，Y_{res} 为各类最终需求总量向量，A_v 为增加值率向量。

设定一切照常情景(BAU)、低经济增长减排情景(S_{slow})和一般经济增长减排情景(S_{usual})三种碳排放情景。BAU 情景指不采取新的减排措施，所有变量按照历史变化趋势演变。低经济增长减排情景指在现有措施的基础上采取新的减排措施，GDP 增长率低于规划值。一般经济增长减排情景指在现有措施的基础上采取新的减排措施，GDP 增长率与BAU 情景相同。基准年为 2015 年，情景年为 2030 年。

二、各驱动因素的情景参数

1. 各部门单位产值碳排放

(1) BAU 情景参数

多数部门的单位产值碳排放呈下降趋势,见表 7-15。假设未来各部门的单位产值碳排放变化保持历史变化趋势,则 2030 年的单位产值碳排放可通过式(7-14)计算,结果见表 7-15。

$$r_{\mathrm{ind},j,\mathrm{year,BAU}} = (1+\rho_{j,\mathrm{BAU}})^{\Delta t} r_{\mathrm{ind},j,2015} \tag{7-14}$$

其中,$r_{\mathrm{ind},j,\mathrm{year}}$ 为情景年部门 j 的单位产值碳排放;$r_{\mathrm{ind},j,2015}$ 为 2015 年部门 j 的单位产值碳排放;$\rho_{j,\mathrm{BAU}}$ 为情景年部门 j 单位产值碳排放的年均变化率,假设与历史年年均变化率相同;Δt 为情景年与基准年的时间段长度。

表 7-15　各生产部门单位产值碳排放的变化趋势

序号	部门名称	2015 年值 /(g CO$_2$/元)	2015—2030 年 年均变化率/(%)	2030 年值 /(g CO$_2$/元)
		$r_{\mathrm{ind},j,2015}$	$\rho_{j,\mathrm{BAU}}$	$r_{\mathrm{ind},j,\mathrm{year,BAU}}$
1	农林牧渔业	9.48	−1.25	7.85
2	煤炭开采和洗选业	32.94	−2.98	20.92
3	石油和天然气开采业	55.00	−0.55	50.61
4	金属矿采选业	12.32	−3.83	6.86
5	非金属矿和其他矿采选业	16.36	−3.35	9.82
6	食品制造及烟草加工业	7.70	5.11	3.50
7	纺织业	6.52	−4.64	3.20
8	服装皮革羽绒及其制品业	2.03	−3.72	1.15
9	木材加工及家具制造业	4.17	−5.34	1.83
10	造纸印刷及文教用品制造业	8.94	−8.18	2.48
11	石油加工、炼焦及核燃料加工业	42.50	−0.72	38.13
12	化学工业	33.08	−4.91	15.54
13	非金属矿物制品业	229.65	−3.54	133.65
14	金属冶炼及压延加工业	163.39	−1.73	125.68
15	金属制品业	3.84	−5.47	1.65
16	通用、专用设备制造业	4.75	−8.67	1.22
17	交通运输设备制造业	2.53	−9.05	0.61

序号	部门名称	2015 年值 /(g CO₂/元) $r_{ind,j,2015}$	2015—2030 年 年均变化率/(%) $\rho_{j,BAU}$	2030 年值 /(g CO₂/元) $r_{ind,j,year,BAU}$
18	电气、机械及器材制造业	1.14	−8.49	0.30
19	通信设备、计算机及其他电子设备制造业	0.56	−6.56	0.20
20	仪器仪表及文化办公用机械制造业	1.22	−3.94	0.67
21	其他制造业	5.30	−2.31	3.73
22	废品废料*	4.85	0.00	4.85
23	金属制品、机械和设备修理服务*	3.02	0.00	3.02
24	电力、热力的生产和供应业	665.30	−3.54	387.71
25	燃气生产和供应业	4.42	−7.31	1.42
26	水的生产和供应业	1.83	−1.04	1.57
27	建筑业	6.12	−3.20	3.76
28	交通运输、仓储及邮政业	85.67	−5.46	36.91
29	批发和零售业	7.23	−0.20	7.02
30	住宿和餐饮业	7.23	−0.20	7.02
31	金融保险业	4.41	−5.06	2.02
32	房地产业	4.41	−5.06	2.02
33	其他服务业	4.41	−5.06	2.02

注：表中"元"为 2015 年可比价，各部门产值取自相应年份的可比价投入产出表。* 由于历史值过少，趋势不明显，且排放较小，故假定该值不变。

(2) 低经济增长减排情景参数和一般经济增长减排情景参数

根据历史数据，电力、热力的生产和供应业(24)、金属冶炼及压延加工业(14)、非金属矿物制品业(13)及化学工业(12)四个部门的单位产值碳排放下降对碳排放变化的影响最大。本节结合国际先进水平对上述部门主要产品的单位产品能耗进行了设定。在此基础上计算了情景年各部门单位产品能耗的年均变化率，见表 7-16。为将表 7-16 中基于单位产品能耗情景值计算的年均变化率转换为基于单位产值碳排放的年均变化率，假定对于同一个部门两者的差值不变。

对于除上述四个部门之外的其他部门，假定其单位产值碳排放的年均变化率在 BAU 情景的基础上增加 10%。各部门单位产值碳排放的计算方法与式(7-14)类似。

表 7-16　主要部门的单位产品能耗规划目标及情景值

生产部门及主要产品		2005 年	2010 年	2015 年	国际先进水平	2015—2030 年年均变化率/(%)
电力、热力的生产和供应业(24)	火电供电煤耗/[gce/(kW·h)]	370	333	315	274	−0.93
金属冶炼及压延加工业(14)	吨钢可比能耗/(kgce/t)	732	680	644	608	−0.38
	电解铝交流电耗/(kW·h/t)	14 575	13 979	13 562	12 900	−0.33
非金属矿物制品业(13)	水泥综合能耗/(kgce/t)	149	143	137	111	−1.39
化学工业(12)	合成氨综合能耗/(kgce/t)	1650	1587	1495	990	−2.71
	乙烯综合能耗/(kgce/t)	1073	950	854	629	−2.02
	纯碱综合能耗/(kgce/t)	396	317	—	310	−0.11
	电石电耗/(kW·h/t)	3450	3340		3000	−0.54
	烧碱综合能耗/(kgce/t)	1448	1293	—	1000	−1.28

注：gce 为克标准煤，kgce 为千克标准煤，tce 为吨标准煤，t 为吨，m² 为平方米，kW·h 为千瓦时。中国数据、国际先进水平数据整理自《中国低碳发展报告(2011—2012)》表 11-21(齐晔，2011b)以及《中国能源统计年鉴 2016》附录 2-20(国家统计局能源统计司，2017)。"—"表示无数据。"年均变化率"基于 2015 年现状值和 2030 年情景值计算，对于无 2015 年值的指标，基于 2010 年现状值和 2030 年情景值计算。

2. 国内产品最终需求规模

若其他因素的乘积保持基准年不变，则国内产品最终需求规模与 GDP 成正比。因此，可通过式(7-15)和式(7-16)推算情景年的国内产品最终需求规模 $y_{\mathrm{vol,year}}$。

$$\tau = \frac{v_{2015}}{y_{\mathrm{vol,2015}}} \tag{7-15}$$

$$y_{\mathrm{vol,year}} = \frac{v_{\mathrm{year}}}{\tau} \tag{7-16}$$

其中，τ 为 GDP 与国内产品最终需求规模的比值，v_{year} 为 GDP 的情景值，外生给定。

（1）BAU 情景参数和一般经济增长减排情景参数

1990—2015 年的五个五年规划时期中国的 GDP 年均增长率保持在 10.0％左右，从"十二五"时期开始 GDP 年均增长率逐步下降，见图 7-25。《国民经济和社会发展第十三个五年规划纲要》确定的 2015—2020 年 GDP 年均增长率目标为不低于 6.5％。李善同和刘云中（2011）以及世界银行和国务院发展研究中心联合课题组（2013）估计，2020—2025 年 GDP 年均增长率为 6.0％，2025—2030 年为 5.5％，2030—2035 年为 5.0％[①]。据此计算，2015—2035 年 GDP 年均增速约为 5.8％。

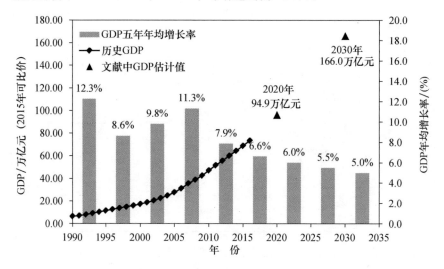

图 7-25　中国 GDP 增长的历史趋势及情景值

注：GDP 历史数据根据《中国统计年鉴 2017》（国家统计局，2017）的表 3-1、表 3-3 和表 3-5 计算。2020 年 GDP 根据《国民经济和社会发展第十三个五年规划纲要》提出的增长目标估计，2030 年 GDP 参考李善同和刘云中（2011）及世界银行和国务院发展研究中心联合课题组（2013）估计。

（2）低经济增长减排情景参数

假定该情景下 2020—2035 年的 GDP 增速低于其他两个情景，即 2020—2025 年 GDP 年均增长率为 5.7％，2025—2030 年为 4.7％，2030—2035 年为 3.7％。2015—2020 年的 GDP 增速与其他两个情景相同。据

---

① 实际计算时历年 GDP 增速逐年递减。

此计算,2015—2035 年 GDP 年均增速约为 5.2%。

3. 其他驱动因素

根据历史数据,消费性碳排放总量 $R_{res}Y_{res}^T$ 和最终需求部门结构变化 ΔY_{str} 对碳排放增长的影响极小,因此在情景分析时假定 R_{res} 和 Y_{str} 保持 2015 年的值不变。虽然投入产出结构变化 ΔL_d 在 2002—2007 年对碳排放增长有一定影响,但是该因素在 1992—2002 年和 2007—2012 年时影响极小。另外,根据 Guan et al.(2008)对中国 2002—2030 年的分析,投入产出结构变化对未来碳排放的影响很小。基于上述原因,本节在情景分析时假定 L_d 保持 2015 年的值不变。

人口总量采用联合国人口司 2017 年发布的《世界人口前景:2017 修订本》(UN Population Division,2017)的预测结果,即 2020 年中国人口达到 14.25 亿人,2030 年为 14.41 亿人,2035 年为 14.34 亿人,见图 7-26。该报告基于中国人口现状和最新的生育政策(开放"二胎")估计了未来的生育率变化趋势,在此基础上预测了中国总人口的变化。城市化率采用联合国人口司《世界城市化前景:2018 修订本》(UN Population Division,2018)中的预测结果,即 2020 年中国城市化率达到 61.4%,2030 年为 70.6%,2035 年为 73.9%。

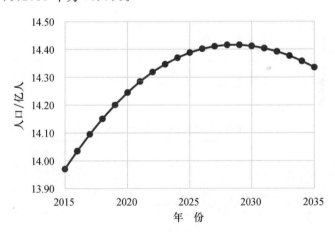

图 7-26 中国总人口变化趋势

三、情景结果分析

1. 2030 年碳排放量

2030 年各情景的碳排放总量见表 7-17。当 GDP 和各部门单位产值排放按照历史趋势变化时，2030 年中国碳排放总量将达到 15 902 Mt CO_2，是 2015 年的 1.37 倍。若 GDP 仍按历史趋势增长，但对重点排放部门采取减排措施，使其能耗水平达到当前国际先进水平，则届时碳排放总量变为 13 938 Mt CO_2，比 BAU 情景减少 12.35%。若降低 GDP 增速，且同时对重点部门进行减排，则 2020 年碳排放总量降为 13 228 Mt CO_2，比 BAU 情景减少 16.82%。

各情景的单位 GDP 碳排放见表 7-18。若不采取新的减排措施，则 2030 年单位 GDP 碳排放为 0.958 t CO_2/万元（2015 年可比价），比 2005 年降低 55.38%（其中 2005—2015 年下降 31.00%），无法达到我国政府提出的下降 60%～65% 的减排目标。若对电力业、金属冶炼业、非金属矿物制品业及化学工业等重点排放部门采取新的减排措施，则 2030 年单位 GDP 碳排放将降至 0.840 t CO_2/万元左右，比 2005 年降低近 60.88%，达到减排目标。对比 S_{slow} 情景和 S_{usual} 情景的结果可以看出，GDP 增长快慢对单位 GDP 碳排放几乎无影响。该结论对减排政策的制定具有启示意义，即降低单位 GDP 碳排放应主要通过提高重点排放部门的化石燃料利用效率、降低单位产值排放实现。

表 7-17　2030 年各情景碳排放总量及年均增长率

	BAU 情景	S_{slow} 情景	S_{usual} 情景
碳排放总量/Mt CO_2	15902	13228	13938
占 2015 年总量的倍数	1.37	1.30	1.56

注：BAU 为一切照常情景，S_{slow} 为低经济增长减排情景，S_{usual} 为一般经济增长减排情景。

表 7-18　2030 年各情景单位 GDP 碳排放及下降率

	BAU 情景	S_{slow} 情景	S_{usual} 情景
单位 GDP 碳排放/(t CO_2/万元)	0.958	0.841	0.840
比 2005 年下降的百分比/（%）	55.38	60.83	60.88

注："单位 GDP 碳排放"基于 2015 年可比价计算。2005 年的单位 GDP 碳排放为 2.147 t CO_2/万元。

2. 2015—2030 年碳排放增量

2015—2030 年中国碳排放路径见图 7-27。可见，BAU 情景无法在 2030 年前后达到碳排放峰值。S_{usual} 情景下，若采取措施降低关键排放部门的单位产值排放，则可在 2030 年达峰，并使 2015—2030 年碳排放的年均增长率减少 0.90％[①]（见表 7-19）。S_{slow} 情景下，若在采取减排措施的基础上 GDP 年均增速减少 0.37％，则可提前至 2028 年达峰，且碳排放年均增长率减少 0.36％[②]（见表 7-19）。

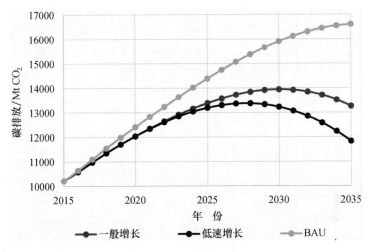

图 7-27　中国碳排放路径情景

表 7-19　2015—2030 年各情景碳排放总增量

	BAU 情景	S_{slow} 情景	S_{usual} 情景
碳排放总增量/Mt CO_2	5693	3020	3729
增量占 2015 年总量的比重/（％）	55.77	29.58	36.53
碳排放年均增长率/（％）	3.00	1.74	2.10
GDP 年均增长率/（％）	6.04	5.67	6.04

注："碳排放年均增长率"和"GDP 年均增长率"指 2015—2030 年的年均增长率。

四、结论

利用本节构建的碳排放投入产出模型分析了 2030 年中国碳排放的三种情景，即一切照常情景（BAU）、低经济增长减排情景（S_{slow}）和一般经济增长减排情景（S_{usual}）。

（1）从碳排放总量看，2015—2030 年中国碳排放可能增长 3020～

---

① BAU 情景与 S_{usual} 情景的 GDP 增长率相同，各部门的单位产值排放不同。

② S_{slow} 情景与 S_{usual} 情景的各部门单位产值相同，GDP 增长率不同。

5693 Mt CO_2，是 2015 年总量的29.58%～55.77%，年均增长率在1.74%～3.00%之间。

（2）从单位 GDP 碳排放看，若不采取新的减排措施且维持 GDP 历史增长趋势，则无法在 2030 年达到碳排放峰值。若使重点排放部门的能耗达到当前国际先进水平，则可在 2030 年达峰，且单位 GDP 碳排放比 2005 年下降 60.88%左右，实现减排目标。GDP 增长快慢对单位 GDP 碳排放几乎无影响。这表明，应主要通过提高重点排放部门的化石燃料利用效率、降低单位产值排放实现 2030 年的减排目标。

参 考 文 献

[1] Ackerman F. , Ishikawa M. and Suga M. , 2007. The carbon content of Japan-US trade. Energy Policy, 35 (9): 4455-4462.

[2] Ala-Mantila S. , Ottelin J. and Heinonen J. , et al. , 2016. To each their own? The greenhouse gas impacts of intra-household sharing in different urban zones. Journal of Cleaner Production, 135: 356-367.

[3] Alcántara V. and Padilla E. , 2009. Input-output subsystems and pollution: An application to the service sector and CO_2 emissions in Spain. Ecological Economics, 63 (3): 905-914.

[4] Andrew R. and Forgie V. , 2008. A three-perspective view of greenhouse gas emission responsibilities in New Zealand. Ecological Economics, 68 (1-2): 194-204.

[5] Ang B. W. , 2004. Decomposition analysis for policymaking in energy: which is the preferred method? Energy Policy, 32 (9): 1131-1139.

[6] Ang B. W. , 2005. The LMDI approach to decomposition analysis: a practical guide. Energy Policy, 33 (7): 867-871.

[7] Ang B. W. , Huang H. C. and Mu A. R. , 2009. Properties and linkages of some index decomposition analysis methods. Energy Policy, 37 (11): 4624-4632.

[8] Ang B. W. , Mu A. R. and Zhou P. , 2010. Accounting frameworks for tracking energy efficiency trends. Energy Economics, 32 (5): 1209-1219.

[9] Baiocchi G. and Minx J. C. , 2010. Understanding changes in the UK's CO_2 emissions: A global perspective. Environmental Science & Technology, 44 (4): 1177-1184.

[10] Baral A. and Bakshi B. R. , 2010. Emergy analysis using US economic input-output models with applications to life cycles of gasoline and corn ethanol. Ecological Modelling, 221 (15): 1807-1818.

[11] Barnett M. O. , 2010. Biofuels and greenhouse gas emissions: Green or red? Environmental Science & Technology, 44 (14): 5330-5331.

[12] Bernstein L. , Bosch P. and Canziani O. , et al. , 2007. Climate Change 2007: Synthesis Report, Summary for Policymakers. Geneva: IPCC.

[13] Bin S. and Dowlatabadi H. , 2005. Corrigendum to "Consumer lifestyles approach to US energy use and the related CO_2 emissions". Energy Policy, 33 (10): 1363.

[14] Bjorn A. , Declercq-Lopez L. and Spatari S. , et al. , 2005. Decision support for sustainable development using a Canadian economic input-output life cycle assessment model. Canadian Journal of Civil Engineering, 32 (1): 16-29.

[15] Blackhurst B. M. , Hendrickson C. and Vidal J. S. I. , 2010. Direct and indirect water withdrawals for U. S. industrial sectors. Environmental Science and Technology, 6 (44): 2126-2130.

[16] Boden T. A. , Marland G. and Andres R. , 2010. Global, Regional, and National Fossil-Fuel CO_2 Emissions. http://cdiac. ornl. gov/ftp/trends /emissions/prc. dat, Accessed on 2010-06-08

[17] Boden T. A. , Marland G. and Andres R. J. , 2017. Global, Regional, and National Fossil-Fuel CO_2 Emissions. Oak Ridge, Tenn. , U. S. A. : Carbon Dioxide Information Analysis Center, Oak Ridge National Laboratory, U. S. Department of Energy. https://doi. org/10. 3334/cdiac/00001_v2017, Accessed on 2017-10-11

[18] Bright R. M. and Stromman A. H. , 2009. Life cycle assessment of second generation bioethanols produced from Scandinavian boreal forest resources: A regional analysis for middle Norway. Journal of Industrial Ecology, 13 (4): 514-531.

[19] Brown M. T. and Herendeen R. A., 1996. Embodied energy analysis and EMERGY analysis: A comparative view. Ecological Economics, 19 (3): 219-235.

[20] CAIT, 2015. Climate Data Explorer. http://cait.wri.org. Accessed on 2016-6-20

[21] Chai J., Guo J. and Wang S., et al., 2009. Why does energy intensity fluctuate in China? Energy Policy, 37 (12): 5717-5731.

[22] Chang N. and Lahr M. L., 2016. Changes in China's production-source CO_2 emissions: insights from structural decomposition analysis and linkage analysis. Economic Systems Research, 28 (2): 224-242.

[23] Chen G. Q. and Zhang B., 2010. Greenhouse gas emissions in China 2007: Inventory and input-output analysis. Energy Policy, 38 (10): 6180-6193.

[24] Chen W., Wu F. and Geng W., et al., 2017. Carbon emissions in China's industrial sectors. Resources, Conservation and Recycling, 117: 264-273.

[25] Chenery H., 1953. Regional Analysis. Rome: Mutual Security Agency.

[26] Chester M. and Martin E., 2009. Cellulosic ethanol from municipal solid waste: a case study of the economic, energy, and greenhouse gas impacts in California. Environmental Science & Technology, 43 (14): 5183-5189.

[27] Curran M. A., 1996. Environmental Life-Cycle Assessment. New York: McGraw-Hill.

[28] Dai D., Hu Z. Y. and Pu G. Q., et al., 2006. Energy efficiency and potentials of cassava fuel ethanol in Guangxi region of China. Energy Conversion and Management, 47 (13-14): 1686-1699.

[29] Defourny J. and Thorbecke E., 1984. Structural path analysis and multiplier decomposition within a social accounting matrix framework. The Economic Journal, 94 (373): 111-136.

[30] Deng G. and Xu Y., 2017. Accounting and structure decomposition analysis of embodied carbon trade: A global perspective. Energy, 137: 140-151.

[31] Dietzenbacher E. and Los B., 1998. Structural decomposition techniques: Sense and sensitivity. Economic Systems Research, 10 (4): 307-324.

[32] Dietzenbacher E., Hoen A. R. and Los B., 2000. Labor productivity in Western Europe 1975—1985: An intercountry, interindustry analysis. Journal of Regional Science, 40 (3): 425-452.

[33] Dong F., Yu B. and Hadachin T., et al., 2018. Drivers of carbon emission intensity change in China. Resources, Conservation and Recycling, 129: 187-201.

[34] Dong Y., Ishikawa M. and Liu X., et al., 2010. An analysis of the driving forces of CO_2 emissions embodied in Japan-China trade. Energy Policy, 38 (11): 6784-6792.

[35] Druckman A. and Jackson T., 2009. The carbon footprint of UK households 1990—2004: A socio-economically disaggregated, quasi-multi-regional input-output model. Ecological Economics, 68 (7): 2066-2077.

[36] Du H., Guo J. and Mao G., et al., 2011. CO_2 emissions embodied in China-US trade: Input-output analysis based on the emergy/dollar ratio. Energy Policy, 39 (10): 5980-5987.

[37] Du Z. and Lin B., 2017. Analysis of carbon emissions reduction of China's metallurgical industry. Journal of Cleaner Production.

[38] Ehrlich P. R. and Holdren J. P., 1971. Impact of population growth. Science, 171 (3977): 1212-1217.

[39] Fan Y. and Xia Y., 2012. Exploring energy consumption and demand in China. Energy, 40 (1): 23-30.

[40] Forster P., Ramaswamy V. and Artaxo P., et al., 2007. Changes in atmospheric constituents and in radiative forcing. New York: Cambridge University Press.

[41] Garbaccio R. F., Ho M. S. and Jorgenson D. W., 1999. Why has the energy-output ratio fallen in China? The Energy Journal, 20 (3): 63-91.

[42] Gay P. W. and Proops J. L. R., 1993. Carbon dioxide production by the UK economy: An input-output assessment. Applied Energy, 44 (2): 113-130.

[43] Green Design Institute, 2008. Assumptions, uncertainty, and other considerations with the EIO-LCA method. Pittsburgh. http://www. eiolca. net/Method/assumptions-and-uncertainty. html. Accessed on 2010-07-21

[44] Guan D. , Hubacek K. and Weber C. L. , et al. , 2008. The drivers of Chinese CO_2 emissions from 1980 to 2030. Global Environmental Change, 18 (4): 626-634.

[45] Guan D. , Peters G. P. and Weber C. L. , et al. , 2009. Journey to world top emitter: An analysis of the driving forces of China's recent CO_2 emissions surge. Geophysical Research Letters, 36 (4): L04709.

[46] Gui S. , Mu H. and Li N. , 2014. Analysis of impact factors on China's CO_2 emissions from the view of supply chain paths. Energy, 74: 405-416.

[47] Guo J. , Zou L. and Wei Y. , 2010. Impact of inter-sectoral trade on national and global CO_2 emissions: An empirical analysis of China and US. Energy Policy, 38 (3): 1389-1397.

[48] Guo R. , Cao X. and Yang X. , et al. , 2010. The strategy of energy-related carbon emission reduction in Shanghai. Energy Policy, 38 (1): 633-638.

[49] Guo X. , Lu C. and Lee J. , et al. , 2017. Applying the dynamic DEA model to evaluate the energy efficiency of OECD countries and China. Energy, 134: 392-399.

[50] Haraguchi N. , Cheng C. F. C. and Smeets E. , 2017. The importance of manufacturing in economic development: Has this changed? World Development, 93: 293-315.

[51] Hendrickson C. T. , Lave L. B. and Matthews H. S. , 2006. Environmental life cycle assessment of goods and services: An input-output approach. Washington, DC: Resources for the Future.

[52] Hetherington R. , 1996. An input-output analysis of carbon dioxide emissions for the UK. Energy Conversion and Management, 37 (6-8): 979-984.

[53] Hoekstra R. and van den Bergh J. C. J. M. , 2002. Structural decomposition analysis of physical flows in the economy. Environ-

mental and Resource Economics, 23 (3): 357-378.

[54] Hoekstra R. and van den Bergh J. C. J. M. , 2003. Comparing structural decomposition analysis and index. Energy Economics, 25 (1): 39-64.

[55] Hoekstra R. and van den Bergh J. , 2006. The impact of structural change on physical flows in the economy: Forecasting and backcasting. Land Economics, 82 (4): 582-601.

[56] Holdway A. R. , Williams A. R. and Inderwildi O. R. , et al. , 2010. Indirect emissions from electric vehicles: Emissions from electricity generation. Energy & Environmental Science, 3 (12): 1825-1832.

[57] Hong J. , Shen Q. and Xue F. , 2016. A multi-regional structural path analysis of the energy supply chain in China's construction industry. Energy Policy, 92: 56-68.

[58] Horst J. , Frey G. and Leprich U. , 2009. Auswirkungen von elektroautos auf den kraftwerkspark und die CO_2 emissionen in Deutschland. Herausgebers: WWF Deutschland: 32.

[59] Huo H. , Zhang Q. and Wang M. , 2010. Environmental implication of electric vehicles in China. Environmental Science & Technology, 13 (44): 4856-4861.

[60] IEA, 2009. CO_2 Emissions from Fuel Combustion, 2009 edition. Paris: OECD/IEA.

[61] IEA, 2010. CO_2 Emissions from Fuel Combustion, 2010 edition. Paris: OECD/IEA.

[62] IPCC, 1997. Revised 1996 IPCC guidelines for national greenhouse gas inventories. Paris: Organization for Economic Cooperative Development.

[63] IPCC, 2006. 2006 IPCC guidelines for national greenhouse gas inventories. Japan: Institute for Global Environmental Strategies.

[64] IPCC, 2007. Climate Change 2007: Synthesis Report. Environmental Policy Collection, 27 (2): 408.

[65] Isard W. , 1951. Interregional and regional input-output analysis: A model of a space economy. Review of Economics and Statistics, 33 (4): 318-328.

[66] ISO, 1997. Environmental manage life cycle assessment principles

and framework. ISO.

[67] Jacobsen H. K. , 2000. Energy demand, structural change and trade: A decomposition analysis of the Danish manufacturing industry. Economic Systems Research, 12 (3): 319-343.

[68] Kagawa S. and Inamura H. , 2004. A spatial structural decomposition analysis of Chinese and Japanese energy demand: 1985—1990. Economic Systems Research, 16 (3): 279-299.

[69] Kang Y. , Xie B. and Wang J. , et al. , 2018. Environmental assessment and investment strategy for China's manufacturing industry: A non-radial DEA based analysis. Journal of Cleaner Production, 175: 501-511.

[70] Kejun J. , 2009. Energy efficiency improvement in China: A significant progress for the 11th Five Year Plan. Energy Efficiency, 2 (4): 401-409.

[71] Lave L. B. , Cobas-Flores E. and Hendrickson C. T. , et al. , 1995. Using input-output analysis to estimate economy-wide discharges. Environmental Science & Technology, 29 (9): 420A-426A.

[72] Lei Y. , Zhang Q. and Nielsen C. , et al. , 2011. An inventory of primary air pollutants and CO_2 emissions from cement production in China, 1990—2020. Atmospheric Environment, 45 (1): 147-154.

[73] Lenzen M. , 1998. Primary energy and greenhouse gases embodied in Australian final consumption: an input-output analysis. Energy Policy, 26 (6): 495-506.

[74] Lenzen M. , 2001. Errors in conventional and input-output-based life-cycle inventories. Journal of Industrial Ecology, 4 (4): 127-148.

[75] Lenzen M. , 2007. Structural path analysis of ecosystem networks. Ecological Modelling, 200 (3-4): 334-342.

[76] Lenzen M. and Murray J. , 2010. Conceptualising environmental responsibility. Ecological Economics, 70 (2): 261-270.

[77] Lenzen M. , Pade L. and Munksgaard J. , 2004. CO_2 multipliers in multi-region input-output models. Economic Systems Research, 4 (16): 391-412.

[78] Leontief W. , 1970. Environmental repercussions and the economic

structure：An input-output approach. The Review of Economics and Statistics，3（52）：262-271.

[79] Leontief W. , 1986. Input-Output Economics，2nd ed. New York：Oxford University Press.

[80] Leontief W. and Ford D. , 1972. Air Pollution and the Economic Structure：Empirical Results of Input-output Computations. Amsterdam-London：North-Holland Publishing Company.

[81] Li G. , Liu J. and Wang X. , et al. , 2017. Analysis of influencing factors of change of manufacturing energy intensity in China based on WSR system methodology and VAR model. Eurasia Journal of Mathematics，Science and Technology Education，13（12）：8039-8050.

[82] Li H. and Wei Y. , 2015. Is it possible for China to reduce its total CO_2 emissions? Energy，83：438-446.

[83] Li J. , 2005. A decomposition method of structural decomposition analysis. Journal of Systems Science and Complexity，18（2）：210-218.

[84] Li J. and Hu S. , 2017. History and future of the coal and coal chemical industry in China. Resources，Conservation and Recycling，124（Supplement C）：13-24.

[85] Li L. , 2017. China's manufacturing locus in 2025：With a comparison of "Made-in-China 2025" and "Industry 4.0". Technological Forecasting and Social Change，135：66-74.

[86] Li W. , Lu C. and Ding Y. , et al. , 2017. The impacts of policy mix for resolving overcapacity in heavychemical industry and operating national carbon emission trading market in China. Applied Energy，204：509-524.

[87] Lin B. and Chen G. , 2018. Energy efficiency and conservation in China's manufacturing industry. Journal of Cleaner Production，174：492-501.

[88] Lin B. and Tan R. , 2017. Sustainable development of China's energy intensive industries：From the aspect of carbon dioxide emissions reduction. Renewable and Sustainable Energy Reviews，77：386-394.

[89] Lin B. and Xie X. , 2016. CO_2 emissions of China's food industry: An input-output approach. Journal of Cleaner Production, 112: 1410-1421.

[90] Lin B. and Xu B. , 2017. Which provinces should pay more attention to CO_2 emissions? Using the quantile regression to investigate China's manufacturing industry. Journal of Cleaner Production, 164: 980-993.

[91] Lin B. and Zhao H. , 2015. Energy efficiency and conservation in China's chemical fiber industry. Journal of Cleaner Production, 103: 345-352.

[92] Lin X. and Polenske K. R. , 1995. Input-output anatomy of China's energy use changes in the 1980s. Economic Systems Research, 7 (1): 67-84.

[93] Liu H. , Xi Y. and Guo J. , et al. , 2010. Energy embodied in the international trade of China: An energy input-output analysis. Energy Policy, 38 (8): 3957-3964.

[94] Liu J. , An R. and Xiao R. , et al. , 2017. Implications from substance flow analysis, supply chain and suppliers' risk evaluation in iron and steel industry in Mainland China. Resources Policy, 51: 272-282.

[95] Liu L. and Liang Q. , 2017. Changes to pollutants and carbon emission multipliers in China 2007—2012: An input-output structural decomposition analysis. Journal of Environmental Management, 203: 76-86.

[96] Liu L. , Fan Y. and Wu G. , et al. , 2007. Using LMDI method to analyze the change of China's industrial CO_2 emissions from final fuel use: An empirical analysis. Energy Policy, 35 (11): 5892-5900.

[97] Liu Q. and Wang Q. , 2017. How China achieved its 11th Five-Year Plan emissions reduction target: A structural decomposition analysis of industrial SO_2 and chemical oxygen demand. Science of the Total Environment, 574: 1104-1116.

[98] Liu Z. , Guan D. and Wei W. , et al. , 2015. Reduced carbon emission estimates from fossil fuel combustion and cement production

in China. Nature, 524 (7565): 335-8.

[99] Lu Y. , 2017. China's electrical equipment manufacturing in the global value chain: A GVC income analysis based on World Input-Output Database (WIOD). International Review of Economics & Finance, 52: 289-301.

[100] Machado G. , Schaeffer R. and Worrell E. , 2001. Energy and carbon embodied in the international trade of Brazil: An input-output approach. Ecological Economics, 39 (3): 409-424.

[101] MacLean H. L. , Lave L. B. and Lankey R. , et al. , 2000. A life-cycle comparison of alternative automobile fuels. Journal of the Air & Waste Management Association, 50 (10): 1769-1779.

[102] Maenpaa M. and Siikavirta H. , 2007. Greenhouse gases embodied in the international trade and final consumption of Finland: An input-output analysis. Energy Policy, 35 (1): 128-143.

[103] Matsuhashi R. , Kudoh Y. and Yoshida Y. , et al. , 2000. Life cycle of CO_2 emissions from electric vehicles and gasoline vehicles utilizing a process-relational model. International Journal of Life Cycle Assessment, 5 (5): 306-312.

[104] Matthews H. S. and Weber C. , 2007. Quantifying the global and distributional aspects of American household carbon footprint. Ecological Economics, 66 (2-3): 379-391.

[105] Matthews H. S. , Hendrickson C. T. and Weber C. L. , 2008. The importance of carbon footprint estimation boundaries. Environmental Science & Technology, 42 (16): 5839-5842.

[106] McGregor P. G. , Swales J. K. and Turner K. , 2008. The CO_2 "trade balance" between Scotland and the rest of the UK: Performing a multi-region environmental input-output analysis with limited data. Ecological Economics, 66 (4): 662-673.

[107] Melillo J. M. , Reilly J. M. and Kicklighter D. W. , et al. , 2009. Indirect emissions from biofuels: How important? Science, 326 (5958): 1397.

[108] Meng B. , Wang J. and Andrew R. , et al. , 2017. Spatial spillover effects in determining China's regional CO_2 emissions growth: 2007-2010. Energy Economics, 63: 161-173.

[109] Meng J., Liu J. and Xu Y., et al., 2015. Tracing Primary PM2.5 emissions via Chinese supply chains. Environmental ResearchLetters, (10): 0540055.

[110] Mi Z., Meng J. and Guan D., et al., 2017. Pattern changes in determinants of Chinese emissions. Environmental ResearchLetters, (12): 074003.

[111] Mi Z., Wei Y. and Wang B., et al., 2017. Socioeconomic impact assessment of China's CO_2 emissions peak prior to 2030. Journal of Cleaner Production, 142: 2227-2236.

[112] Miller R. E. and Blair P. D., 2009. Input-Output Analysis: Foundations and Extensions, Second Edition. Cambridge: Cambridge University Press.

[113] Minx J. C., Baiocchi G. and Peters G. P., et al., 2011. A "carbonizing dragon": China's fast growing CO_2 emissions revisited. Environmental Science & Technology, 45 (21): 9144-9153.

[114] Minx J. C., Wiedmann T. and Wood R., et al., 2009. Input-output analysis and carbon footprinting: An overview of applications. Economic Systems Research, 21 (3): 187-216.

[115] Moses L. N., 1955. The stability of interregional trading patterns and input-output analysis. American Economic Review, 45 (5): 803-826.

[116] Mousavi B., Lopez N. S. A. and Biona J. B. M., et al., 2017. Driving forces of Iran's CO_2 emissions from energy consumption: An LMDI decomposition approach. Applied Energy, 206: 804-814.

[117] Nagashima F., 2018. Critical structural paths of residential PM 2.5 emissions within the Chinese provinces. Energy Economics, 70: 465-471.

[118] Nguyen T., Gheewala S. H. and Garivait S., 2007. Energy balance and GHG-abatement cost of cassava utilization for fuel ethanol in Thailand. Energy Policy, 35 (9): 4585-4596.

[119] Nie H. and Kemp R., 2013. Why did energy intensity fluctuate during 2000—2009? A combination of index decomposition analysis and structural decomposition analysis. Energy for Sustainable

Development，17 (5)：482-488.

[120] Nie H. , Kemp R. and Vivanco D. F. , et al. , 2016. Structural decomposition analysis of energy-related CO_2 emissions in China from 1997 to 2010. Energy Efficiency，9 (6)：1351-1367.

[121] Norman J. B. , 2017. Measuring improvements in industrial energy efficiency：A decomposition analysis applied to the UK. Energy，137：1144-1151.

[122] Norman J. , Charpentier A. D. and Maclean H. L. , 2007. Economic input-output life-cycle assessment of trade between Canada and the United States. Environmental Science & Technology，41 (5)：1523-1532.

[123] Oshita Y. , 2012. Identifying critical supply chain paths that drive changes in CO_2 emissions. Energy Economics，4 (34)：1041-1050.

[124] Ou X. , Yan X. and Zhang X. , 2010. Using coal for transportation in China：Life cycle GHG of coal-based fuel and electric vehicle，and policy implications. International Journal of Greenhouse Gas Control，4 (5)：878-887.

[125] Ou X. , Zhang X. and Chang S. , 2010. Alternative fuel buses currently in use in China：Life-cycle fossil energy use，GHG emissions and policy recommendations. Energy Policy，38 (1)：406-418.

[126] Parikh J. , Panda M. and Ganesh-Kumar A. , et al. , 2009. CO_2 emissions structure of Indian economy. Energy，34 (8)：1024-1031.

[127] Peng J. , Xie R. and Lai M. , 2016. Energy-related CO_2 emissions in the China's iron and steel industry：A global supply chain analysis. Resources，Conservation and Recycling，129：392-401.

[128] Perobelli F. S. , Faria W. R. and de Almeida Vale V. , 2015. Environmental and social accounting for Brazil. Energy Economics，Part A (52)：228-239.

[129] Peters G. P. , 2008. From production-based to consumption-based national emission inventories. Ecological Economics，65

(1): 13-23.

[130] Peters G. P. and Hertwich E. G. , 2008. CO_2 embodied in international trade with implications for global climate policy. Environmental Science & Technology, 42 (5): 1401-1407.

[131] Peters G. P. and Hertwich E. G. , 2008. Post-Kyoto greenhouse gas inventories: Production versus consumption. Climatic Change, 86 (1-2): 51-66.

[132] Peters G. P. , Weber C. L. and Guan D. , et al. , 2007. China's growing CO_2 emissions — A race between increasing consumption and efficiency gains. Environmental Science & Technology, 41 (17): 5939-5944.

[133] Peters G. , Weber C. and Liu J. , 2006. Construction of Chinese energy and emissions inventory. Trondheim, Norway: Industrial Ecology Programme, Norwegian University of Science and Technology.

[134] Plevin R. J. , Jones A. D. and Torn M. S. , et al. , 2010. Greenhouse gas emissions from Biofuels' indirect land use change are uncertain but may be much greater than previously estimated. Environmental Science & Technology, 44: 8015-8021.

[135] Rhee H. C. and Chung H. S. , 2006. Change in CO_2 emission and its transmissions between Korea and Japan using international input-output analysis. Ecological Economics, 58 (4): 788-800.

[136] Rose A. and Casler S. , 1996. Input-output structural decomposition analysis: A critical appraisal. Economic Systems Research, 8 (1): 33-62.

[137] Rose A. and Chen C. Y. , 1991. Sources of change in energy use in the U. S. economy, 1972—1982: A structural decomposition analysis. Resources and Energy, 13 (1): 1-21.

[138] Shi Q. , Chen J. and Shen L. , 2017. Driving factors of the changes in the carbon emissions in the Chinese construction industry. Journal of Cleaner Production, 166: 615-627.

[139] Sommer M. and Kratena K. , 2017. The carbon footprint of european households and income distribution. Ecological Economics, 136: 62-72.

[140] Su B. and Ang B. W. , 2012. Structural decomposition analysis applied to energy and emissions: Some methodological developments. Energy Economics, 34 (1): 177-188.

[141] Su B. and Ang B. W. , 2013. Input-output analysis of CO_2 emissions embodied in trade: Competitive versus non-competitive imports. Energy Policy, 56: 83-87.

[142] Su B. and Ang B. W. , 2015. Multiplicative decomposition of aggregate carbon intensity change using input-output analysis. Applied Energy, 154: 13-20.

[143] Su B. and Ang B. W. , 2017. Multiplicative structural decomposition analysis of aggregate embodied energy and emission intensities. Energy Economics, 65: 137-147.

[144] Su B. and Thomson E. , 2016. China's carbon emissions embodied in (normal and processing) exports and their driving forces, 2006-2012. Energy Economics, 59: 414-422.

[145] Su B. , Ang B. W. and Low M. , 2013. Input-output analysis of CO_2 emissions embodied in trade and the driving forces: Processing and normal exports. Ecological Economics, 88: 119-125.

[146] Suh S. and Huppes G. , 2002. Missing inventory estimation tool using extended input-output analysis. International Journal of Life Cycle Assessment, 7 (3): 134-140.

[147] Suh S. , Lenzen M. and Reloar G. , 2003. System boundary selection in life-cycle inventories using hybrid approaches. Environmental Science & Technology, 3 (38): 657-664.

[148] Tian X. , Chang M. and Shi F. , et al. , 2014. How does industrial structure change impact carbon dioxide emissions? A comparative analysis focusing on nine provincial regions in China. Environmental Science & Policy, 37: 243-254.

[149] Treloar G. J. , 1997. Extracting embodied energy paths from input-output tables: Towards an input-output-based hybrid energy analysis method. Economic Systems Research, 9 (4): 375-391.

[150] Tunc G. I. , Turut-Asik S. and Akbostanci E. , 2007. CO_2 emissions vs. CO_2 responsibility: An input-output approach for the Turkish economy. Energy Policy, 35 (2): 855-868.

[151] UN Population Division, 2017. World Population Prospects: The 2017 Revision. New York: Population Division, Department of Economic and Social Affairs, United Nations.

[152] UN Population Division, 2018. World Urbanization Prospects: The 2018 Revision. New York: United Nations, Department of Economic and Social Affairs, Population Division.

[153] UNFCCC, 2009. GHG data from UNFCCC. Bonn: United Nations Framework Convention on Climate Change.

[154] USEIA, 2009. International Energy Statistics - CO_2 Emissions. Washington, DC: U. S. Energy Information Administration.

[155] Wang C., Chen J. and Zou J., 2005. Decomposition of energy-related CO_2 emission in China: 1957—2000. Energy, 30 (1): 73-83.

[156] Wang H., Ang B. W. and Su B., 2017. Assessing drivers of economy-wide energy use and emissions: IDA versus SDA. Energy Policy, 107: 585-599.

[157] Wang H., Zhang J. and Fang H., 2017. Electricity footprint of China's industrial sectors and its socioeconomic drivers. Resources, Conservation and Recycling, 124 (Supplement C): 98-106.

[158] Wang J. and Zhao T., 2017. Regional energy-environmental performance and investment strategy for China's non-ferrous metals industry: A non-radial DEA based analysis. Journal of Cleaner Production, 163: 187-201.

[159] Wang Y., Yan W. and Ma D., et al., 2018. Carbon emissions and optimal scale of China's manufacturing agglomeration under heterogeneous environmental regulation. Journal of Cleaner Production, 176: 140-150.

[160] Wang Z., Liu W. and Yin J., 2015. Driving forces of indirect carbon emissions from household consumption in China: An input-output decomposition analysis. Natural Hazards, 75 (S2): 257-272.

[161] Weber C. L., 2009. Measuring structural change and energy use: Decomposition of the US economy from 1997 to 2002. Ener-

gy Policy, 37 (4): 1561-1570.

[162] Weber C. L. , Peters G. P. and Guan D. , et al. , 2008. The contribution of Chinese exports to climate change. Energy Policy, 36 (9): 3572-3577.

[163] Wei J. , Huang K. and Yang S. , et al. , 2016. Driving forces analysis of energy-related carbon dioxide (CO_2) emissions in Beijing: An input-output structural decomposition analysis. Journal of Cleaner Production, 163: 58-68.

[164] Wood R. and Lenzen M. , 2009. Structural path decomposition. Energy Economics, 31 (3): 335-341.

[165] World Bank, 2018. Manufacturing, value added (% of GDP) Data. https://data. worldbank. org/indicator/NV. IND. MANF. ZS? locations=CN. Accessed on 2018-4-19

[166] WRI, 2004. The greenhouse gas protocol: A corporate accounting and reporting standard (revised edition). Geneva: World Business Council for Sustainable Development and World Resource Institute.

[167] WRI, 2010. Climate Analysis Indicators Tool (CAIT) Version 7. 0. Washington, DC: World Resources Institute. http://cait. wri. org. Accessed on 2010-4-25

[168] WRI, 2016. CAIT Climate Data Explorer. Washington, DC: World Resources Institute. http://cait. wri. org. Accessed on 2017-8-20

[169] Wu R. , Geng Y. and Dong H. , et al. , 2016. Changes of CO_2 emissions embodied in China-Japan trade: Drivers and implications. Journal of Cleaner Production, 112: 4151-4158.

[170] Xia Y. , Fan Y. and Yang C. , 2015. Assessing the impact of foreign content in China's exports on the carbon outsourcing hypothesis. Applied Energy, 150: 296-307.

[171] Xia Y. , Yang C. and Chen X. , 2012. Structural decomposition analysis on China's energy intensity change for 1987—2005. Journal of Systems Science and Complexity, 25 (1): 156-166.

[172] Xiao B. , Niu D. and Guo X. , 2016. The driving forces of changes in CO_2 emissions in China: A structural decomposition analy-

sis. Energies, 9 (4): 259.

[173] Xie S. , 2014. The driving forces of China's energy use from 1992 to 2010: An empirical study of input-output and structural decomposition analysis. Energy Policy, 73: 401-415.

[174] Xu B. and Lin B. , 2017. Assessing CO_2 emissions in China's iron and steel industry: A nonparametric additive regression approach. Renewable and Sustainable Energy Reviews, 72: 325-337.

[175] Xu B. , Xu L. and Xu R. , et al. , 2017. Geographical analysis of CO_2 emissions in China's manufacturing industry: A geographically weighted regression model. Journal of Cleaner Production, 166: 628-640.

[176] Xu M. , Li R. and Crittenden J. C. , et al. , 2011. CO_2 emissions embodied in China's exports from 2002 to 2008: A structural decomposition analysis. Energy Policy, 39 (11): 7381-7388.

[177] Xu R. and Lin B. , 2017. Why are there large regional differences in CO_2 emissions? Evidence from China's manufacturing industry. Journal of Cleaner Production, 140: 1330-1343.

[178] Xu S. C. , He Z. X. and Long R. Y. , et al. , 2016. Factors that influence carbon emissions due to energy consumption based on different stages and sectors in China. Journal of Cleaner Production, 115: 139-148.

[179] Xu X. , Han L. and Lv X. , 2016. Household carbon inequality in urban China, its sources and determinants. Ecological Economics, 128: 77-86.

[180] Yan X. and Crookes R. J. , 2010. Energy demand and emissions from road transportation vehicles in China. Progress in Energy and Combustion Science, 36 (6): 651-676.

[181] Yang Z. , Dong W. and Xiu J. , et al. , 2015. Structural path analysis of fossilfuel based CO_2 emissions: A case study for China. PLOS ONE, 10 (9): 0135727.

[182] Yang Z. , Shao S. and Yang L. , et al. , 2017. Differentiated effects of diversified technological sources on energy-saving technological progress: Empirical evidence from China's industrial

sectors. Renewable and Sustainable Energy Reviews, 72 (Supplement C): 1379-1388.

[183] Yuan B., Ren S. and Chen X., 2017. Can environmental regulation promote the coordinated development of economy and environment in China's manufacturingindustry? — A panel data analysis of 28 sub-sectors. Journal of Cleaner Production, 149: 11-24.

[184] Yunfeng Y. and Laike Y., 2010. China's foreign trade and climate change: A case study of CO_2 emissions. Energy Policy, 38 (1): 350-356.

[185] Zeng L., Xu M. and Liang S., et al., 2014. Revisiting drivers of energy intensity in China during 1997—2007: A structural decomposition analysis. Energy Policy, 67: 640-647.

[186] Zhang B. and Chen G. Q., 2010a. Methane emissions by Chinese economy: Inventory and embodiment analysis. Energy Policy, 38 (8): 4304-4316.

[187] Zhang B. and Chen G. Q., 2010b. Physical sustainability assessment for the China society: Exergy-based systems account for resources use and environmental emissions. Renewable and Sustainable Energy Reviews, 14 (6): 1527-1545.

[188] Zhang B., Qu X. and Meng J., et al., 2017. Identifying primary energy requirements in structural path analysis: A case study of China 2012. Applied Energy, 191: 425-435.

[189] Zhang F., Jiang D. and Fan H., 2009. Status of CO_2 emissions, driving forces and mitigation countermeasures of Tianjin, China. Ecological Economy, (3): 207-216.

[190] Zhang G. and Liu M., 2014. The changes of carbon emission in China's industrial sectors from 2002 to 2010: A structural decomposition analysis and input-output subsystem. Discrete Dynamics in Nature and Society, 2014: 798576.

[191] Zhang H. and Lahr M. L., 2014a. China's energy consumption change from 1987 to 2007: A multi-regional structural decomposition analysis. Energy Policy, 67: 682-693.

[192] Zhang H. and Lahr M. L., 2014b. Can the carbonizing dragon

de domesticated? Insights from a decomposition of energy consumption and intensity in China, 1987—2007. Economic Systems Research, 26 (2): 119-140.

[193] Zhang H. and Qi Y. , 2011. A structure decomposition analysis of China's production-source CO_2 emission: 1992—2002. Environmental and Resource Economics, 49 (1): 65-77.

[194] Zhang Q. , Xu J. and Wang Y. , et al. , 2018. Comprehensive assessment of energy conservation and CO_2 emissions mitigation in China's iron and steel industry based on dynamic material flows. Applied Energy, 209: 251-265.

[195] Zhang W. , Wang J. and Zhang B. , et al. , 2015. Can China comply with its 12th five-year plan on industrial emissions control: A structural decomposition analysis. Environmental Science & Technology, 49 (8): 4816-4824.

[196] Zhang Y. , 2009. Structural decomposition analysis of sources of decarbonizing economic development in China: 1992—2006. Ecological Economics, 68 (8-9): 2399-2405.

[197] Zhang Y. , 2010. Supply-side structural effect on carbon emissions in China. Energy Economics, 32 (1): 186-193.

[198] Zhang Y. , 2012. Scale, technique and composition effects in trade related carbon emissions in China. Environmental and Resource Economics, 51 (3): 371-389.

[199] Zhao Y. , Wang S. and Zhang Z. , et al. , 2016. Driving factors of carbon emissions embodied in China-US trade: A structural decomposition analysis. Journal of Cleaner Production, 131: 678-689.

[200] Zhixin Z. and Qiao X. , 2011. Low-carbon economy, industrial structure and changes in China's development mode based on the data of 1996—2009 in empirical analysis. Energy Procedia, 5: 2025-2029.

[201] Zhu B. , Zhou W. and Hu S. , et al. , 2010. CO_2 emissions and reduction potential in China's chemical industry. Energy, 35 (12): 4663-4670.

[202] Zhu Q. , Peng X. and Wu K. , 2012. Calculation and decomposi-

tion of indirect carbon emissions from residential consumption in China based on the input-output model. Energy Policy，48：618-626.

[203] 曾静静,张志强,曲建升等,2012.家庭碳排放计算方法分析评价.地理科学进展,(10):1341-1352.

[204] 陈红敏,2009a.我国对外贸易的能源环境影响.上海:复旦大学.

[205] 陈红敏,2009b.包含工业生产过程碳排放的产业部门隐含碳研究.中国人口·资源与环境,19(3):25-30.

[206] 陈胜震,陈铭,2008.中国清洁能源汽车全生命周期的3E分析与评论.汽车工程,(06):465-469,522.

[207] 陈树勇,宋书芳,李兰欣等,2009.智能电网技术综述.电网技术,33(8):1-7.

[208] 陈锡康,杨翠红,2011.投入产出技术.北京:科学出版社.

[209] 戴杜,于随然,浦耿强等,2006.基于混合模型的E10燃料生命周期评估.上海交通大学学报,40(2):355-358.

[210] 狄向华,聂祚仁,左铁镛,2005.中国火力发电燃料消耗的生命周期排放清单.中国环境科学,(05):632-635.

[211] 董会娟,耿涌,2012.基于投入产出分析的北京市居民消费碳足迹研究.资源科学,(03):494-501.

[212] 范玲,汪东,2014.我国居民间接能源消费碳排放的测算及分解分析.生态经济,(07):28-32.

[213] 方精云,郭兆迪,朴世龙等,2007.1981—2000年中国陆地植被碳汇的估算.中国科学D辑:(地球科学),37(6):804-812.

[214] 丰霞,智瑞芝,董雪旺,2018.浙江省居民消费间接碳足迹测算及影响因素研究.生态经济,34(3):23-30.

[215] 顾阿伦,吕志强,2016.经济结构变动对中国碳排放影响——基于IO-SDA方法的分析.中国人口·资源与环境,26(3):37-45.

[216] 广西壮族自治区人民政府,2007.广西壮族自治区人民政府关于调整全区职工最低工资标准的通知(桂政发〔2007〕46号).

[217] 郭朝先,2010.中国二氧化碳排放增长因素分析——基于SDA分解技术.中国工业经济,(12):47-56.

[218] 国家标准化管理委员会,2017.国民经济行业分类.GB/T 4754-2017.北京:中国标准出版社.

[219] 国家电力监管委员会,2008.2007年度电价执行情况监管报告.北

京：国家电力监管委员会.

[220] 国家发展和改革委员会,2007a.中国应对气候变化国家方案.北京：国家发展和改革委员会.

[221] 国家发展和改革委员会,2007b.国家发展改革委关于降低汽油价格的通知.北京：国家发展和改革委员会.

[222] 国家发展和改革委员会应对气候变化司,2009.关于公布 2009 年中国区域电网基准线排放因子的公告.

[223] 国家发展和改革委员会应对气候变化司,2011.省级温室气体清单编制指南(试行).北京：国家发展和改革委员会应对气候变化司.

[224] 国家发展和改革委员会应对气候变化司,2014.2005 中国温室气体清单研究.北京：中国环境科学出版社.

[225] 国家气候变化对策协调小组办公室和国家发展和改革委员会能源研究所,2007.中国温室气体清单研究.北京：中国环境科学出版社.

[226] 国家统计局,2008.中国物价年鉴(2008 年).北京：中国统计出版社.

[227] 国家统计局,2015.中国统计年鉴 2015.北京：中国统计出版社.

[228] 国家统计局,2017.中国统计年鉴 2017.北京：中国统计出版社.

[229] 国家统计局和环境保护总局,2008.中国环境统计年鉴.北京：中国统计出版社.

[230] 国家统计局国民经济核算司,2009.中国投入产出表 2007.北京：中国统计出版社.

[231] 国家统计局国民经济核算司,2016.中国投入产出表 2012.北京：中国统计出版社.

[232] 国家统计局能源统计司,2015.中国能源统计年鉴 2014.北京：中国统计出版社.

[233] 国家统计局能源统计司,2017.中国能源统计年鉴 2016.北京：中国统计出版社.

[234] 国家统计局能源统计司和国家能源局综合司,2008.中国能源统计年鉴 2008.北京：中国统计出版社.

[235] 国务院,2011.国民经济和社会发展第十二个五年规划纲要.

[236] 国务院办公厅,2009.国务院常务会研究决定我国控制温室气体排放目标.北京：国务院办公厅.

[237] 计军平,刘磊,马晓明,2011.基于 EIO-LCA 模型的中国部门温室

气体排放结构研究. 北京大学学报（自然科学版），47（04）：
741-749.

[238] 计军平，马晓明，2011. 中国温室气体排放增长的结构分解分析. 中国环境科学，31（12）：2076-2082.

[239] 交通运输部，2008. 中国交通年鉴：北京：中国交通年鉴出版社.

[240] 冷如波，2007. 产品生命周期 3E＋S 评价与决策分析方法研究. 上海：上海交通大学出版社.

[241] 李景华，2004. SDA 模型的加权平均分解法及在中国第三产业经济发展分析中的应用. 系统工程，（09）：69-73.

[242] 李善同，刘云中，2011. 2030 年的中国经济. 北京：经济科学出版社.

[243] 里昂惕夫，1993. 1919—1939 年美国经济结构：均衡分析的经验应用. 北京：商务印书馆.

[244] 里昂惕夫，2011. 投入产出经济学. 北京：商务印书馆.

[245] 联合国统计局，1981. 投入产出表和分析. 北京：中国社会科学出版社.

[246] 刘晶茹，Glen P. P.，王如松等，2007. 综合生命周期分析在可持续消费研究中的应用. 生态学报，（12）：5331-5336.

[247] 刘起运，夏明，张红霞，2006. 宏观经济系统的投入产出分析. 北京：中国人民大学出版社.

[248] 刘起运，彭志龙，2010. 中国 1992—2005 年可比价投入产出序列表及分析. 北京：中国统计出版社.

[249] 刘晔，刘丹，张林秀，2016. 中国省域城镇居民碳排放驱动因素分析. 地理科学，（05）：691-696.

[250] 马晓微，杜佳，叶奕，等，2015. 中美居民消费直接碳排放核算及比较. 北京理工大学学报（社会科学版），（04）：34-40.

[251] 欧训民，2010. 中国道路交通部门能源消费和 GHG 排放全生命周期分析. 北京：清华大学.

[252] 欧训民，张希良，覃一宁，等，2010. 未来煤电驱动电动汽车的全生命周期分析. 煤炭学报，（01）：169-172.

[253] 彭水军，张文城，孙传旺，2015. 中国生产侧和消费侧碳排放量测算及影响因素研究. 经济研究，（1）：168-182.

[254] 浦耿强，胡志远，王成焘，2004. 木薯乙醇-汽油混合燃料生命周期排放多目标优化研究. 环境科学，（05）：37-42.

[255] 浦耿强,张成,胡志远,2002.木薯燃料乙醇全生命周期分析.中国内燃机学会第六届学术年会,上海.

[256] 齐晔,2011a.2010中国低碳发展报告.北京:科学出版社.

[257] 齐晔,2011b.中国低碳发展报告:回顾"十一五"展望"十二五". 2011—2012.北京:社会科学文献出版社.

[258] 齐晔,李惠民,徐明,2008.中国进出口贸易中的隐含碳估算.中国人口·资源与环境,18(3):8-13.

[259] 申威,张阿玲,韩维建,2007.车用合成燃料能源消费和温室气体排放对比分析.清华大学学报(自然科学版),(03):441-444.

[260] 沈家文,刘中伟,2013.促进中国居民服务消费的影响因素分析.经济与管理研究,(01):53-58.

[261] 世界银行和国务院发展研究中心联合课题组,2013.2030年的中国:建设现代化和谐有创造力的社会.北京:中国财政经济出版社.

[262] 宋德勇,卢忠宝,2009.中国碳排放影响因素分解及其周期性波动研究.中国人口·资源与环境,19(3):18-24.

[263] 孙建卫,陈志刚,赵荣钦,等,2010.基于投入产出分析的中国碳排放足迹研究.中国人口·资源与环境,(05):28-34.

[264] 王芳,2013.人口年龄结构对居民消费影响的路径分析.人口与经济,(03):12-19.

[265] 王雪松,任胜钢,袁宝龙,等,2016.城镇化、城乡消费比例和结构对居民消费间接 CO_2 排放的影响.经济理论与经济管理,(08):79-88.

[266] 魏本勇,方修琦,王媛,等,2009.基于投入产出分析的中国国际贸易碳排放研究.北京师范大学学报(自然科学版),45(4):413-419.

[267] 闫云凤,杨来科,张云,等,2010.中国 CO_2 排放增长的结构分解分析.上海立信会计学院学报,(05):83-89.

[268] 姚亮,刘晶茹,王如松,2011.中国居民消费隐含的碳排放量变化的驱动因素.生态学报,31(19):5632-5637.

[269] 姚亮,刘晶茹,王如松,等,2013.基于多区域投入产出(MRIO)的中国区域居民消费碳足迹分析.环境科学学报,(07):2050-2058.

[270] 叶震,2012.投入产出数据更新方法及其在碳排放分析中的应用.统计与信息论坛,(09):39-44.

[271] 余慧超,王礼茂,2009.中美商品贸易的碳排放转移研究.自然资源

学报,24(10)：1837-1846.

[272] 袁小慧,范金,2010.收入对居民消费影响的结构性路径分析：江苏案例.数学的实践与认识,(01)：32-43.

[273] 张阿玲,柴沁虎,申威,2009.氢动力汽车和电动汽车在中国的应用前景分析.清华大学学报：自然科学版,9(49)：107-109,117.

[274] 张阿玲,申威,韩维健,等,2008.车用替代燃料生命周期分析.北京：清华大学出版社.

[275] 张强,巨晓棠,张福锁,2010.应用修正的IPCC2006方法对中国农田 N_2O 排放量重新估算.中国生态农业学报,18(1)：7-13.

[276] 张仁健,王明星,郑循华,等,2001.中国二氧化碳排放源现状分析.气候与环境研究,6(3)：321-327.

[277] 张艳丽,高新星,王爱华,等,2009.我国生物质燃料乙醇示范工程的全生命周期评价.可再生能源,(06)：63-68.

[278] 中国电力联合会,2007.中国电力工业统计数据分析2007.

[279] 中国钢铁工业协会,2008.中国钢铁统计2008.

[280] 工业和信息化部,2011.节能与新能源汽车产业规划.

[281] 国家气候变化对策协调小组,2004.中华人民共和国气候变化初始国家信息通报.北京：中国计划出版社.

[282] 中国化学工业年鉴编辑部,2008.中国化学工业年鉴2008.

[283] 中国建筑材料工业年鉴社,2008.中国建筑材料工业年鉴2008.

[284] 中国科技部现代交通技术领域办公室,2006.国家高技术研究发展计划(863计划)现代交通技术领域"节能与新能源汽车"重大项目2006年度课题申请指南.

[285] 中国农业年鉴编辑部,2008.中国农业年鉴.北京：中国农业出版社.

[286] 周新,2010.国际贸易中的隐含碳排放核算及贸易调整后的国家温室气体排放.管理评论,22(6)：17-24.

[287] 朱勤,彭希哲,陆志明,等,2009.中国能源消费碳排放变化的因素分解及实证分析.资源科学,(12)：2072-2079.

[288] 朱勤,彭希哲,吴开亚,2012.基于投入产出模型的居民消费品载能碳排放测算与分析.自然资源学报,(12)：2018-2029.

附　录

附录 A　竞争进口型和非竞争
进口型投入产出模型的区别

　　竞争进口型投入产出模型(简称竞争型模型)的基本结构见附表 1,非竞争进口型投入产出模型(简称非竞争型模型)的基本结构见附表 2(陈锡康和杨翠红, 2011)。非竞争型模型将竞争型模型中的"中间投入"行拆分为"国内中间投入"行和"进口"行,这是两者最大的区别。其中,上标 A 表示竞争型模型,上标 C 表示非竞争型模型,z_{ij} 为部门 i 投入到部门 j 的产品量,f_i 为部门 i 的最终需求合计,v_j 为部门 j 的增加值,x_i 为部门 i 的总产出,m_{ij} 为进口产品 i 投入到部门 j 的量,m_{if} 为进口产品 i 投入到最终需求的量,m_i 为进口产品 i 的总量,$i=1,2,\cdots,n,j=1,2,\cdots,n$。上述变量的字母自成体系,与本书其他部分的变量字母没有关联。

　　这两个模型在中间流量和最终需求方面存在式 Eq.1 和式 Eq.2 的关系(陈锡康和杨翠红,2011)。由于 $m_i^C \geqslant m_{if}^C$,因此 $f_i^A \leqslant f_i^C$。

$$z_{if}^A = z_{ij}^C + m_{ij}^C \qquad \text{Eq. 1}$$

$$f_i^A = f_i^C + m_{if}^C - m_i^C \qquad \text{Eq. 2}$$

附表 1　竞争进口型投入产出模型的基本结构

		中间需求	最终需求					总产出
		国内生产部门 $1,2,\cdots,n$	消费	资本形成	出口	进口	合计	
中间投入	1 2 … n	z_{ij}^A 第一象限	第二象限				f_i^A	x_i
最初投入		v_j 第三象限	第四象限					
总投入		x_i						

附表 2　非竞争进口型投入产出模型的基本结构

		中间需求	最终需求				总产出及进口
		国内生产部门 $1,2,\cdots,n$	消费	资本形成	出口	合计	
国内中间投入	1 2 … n	z_{ij}^C				f_i^C	x_i
进口	1 2 … n	m_{ij}^C				m_{if}^C	m_i^C
最初投入		v_j					
总投入		x_i					

附录 B　分部门直接碳排放估算结果

附表 3　1991—1992 年各部门化石燃料燃烧碳排放量 单位：Mt CO_2

序号	碳排放部门名称	1991 年	1992 年
1	农、林、牧、渔、水利业	65.34	65.34
2	煤炭采选业	34.60	34.60
3	石油和天然气开采业	25.21	25.21
4	黑色金属矿采选业	2.48	2.48

序号	碳排放部门名称	1991 年	1992 年
5	有色金属矿采选业	3.42	3.42
6	非金属矿采选业	7.39	7.39
7	其他矿采选业	0.16	0.16
8	木材及竹材采运业	3.41	3.41
9	食品、饮料和烟草制造业	57.05	57.05
10	纺织业	42.51	42.51
11	服装及其他纤维制品制造业	2.05	2.05
12	皮革、毛皮、羽绒及其制品业	2.71	2.71
13	木材加工及竹、藤、棕、草制品业	5.01	5.01
14	家具制造业	1.15	1.15
15	造纸及纸制品业	25.89	25.89
16	印刷业，记录媒介的复制	1.49	1.49
17	文教体育用品制造业	0.80	0.80
18	石油加工及炼焦业	17.41	17.41
19	化学原料及化学品制造业	94.05	94.05
20	医药制造业	11.04	11.04
21	化学纤维制造业	5.02	5.02
22	橡胶制品业	8.95	8.95
23	塑料制品业	2.86	2.86
24	非金属矿物制品业	223.08	223.08
25	黑色金属冶炼及压延加工业	76.85	76.85
26	有色金属冶炼及压延加工业	19.77	19.77
27	金属制品业	11.82	11.82
28	机械、电气、电子设备制造业	70.78	70.78
29	其他制造业	22.53	22.53
30	电力、蒸气、热水的生产和供应业	772.99	772.99
31	煤气生产和供应业	2.07	2.07
32	自来水的生产和供应业	0.44	0.44
33	建筑业	23.63	23.63
34	交通运输、仓储及邮电通信业	95.40	95.40

序号	碳排放部门名称	1991 年	1992 年
35	批发和零售贸易业、餐饮业	20.93	20.93
36	其他服务业	67.51	67.51
37	城镇居民生活消费	135.37	135.37
38	农村居民生活消费	127.40	127.40
	合计	2058.13	2090.58

附表 4　1993—1995 年各部门化石燃料燃烧碳排放量 单位：Mt CO_2

序号	碳排放部门名称	1993 年	1994 年	1995 年
1	农、林、牧、渔、水利业	67.36	70.88	76.09
2	煤炭采选业	35.22	40.94	42.13
3	石油和天然气开采业	32.51	36.80	34.92
4	黑色金属矿采选业	3.07	3.10	2.89
5	有色金属矿采选业	3.89	4.19	4.31
6	非金属矿采选业	6.26	6.65	7.32
7	其他矿采选业	0.44	0.28	0.39
8	木材及竹材采运业	3.80	4.61	4.15
9	食品加工业	21.80	22.81	25.44
10	食品制造业	20.86	19.14	19.72
11	饮料制造业	15.20	16.78	17.37
12	烟草加工业	2.85	2.97	3.54
13	纺织业	39.18	42.44	45.35
14	服装及其他纤维制品制造业	2.27	2.61	2.78
15	皮革、毛皮、羽绒及其制品业	3.15	2.96	2.76
16	木材加工及竹、藤、棕、草制品业	5.18	5.42	6.30
17	家具制造业	1.21	1.33	1.26
18	造纸及纸制品业	28.59	28.61	31.04
19	印刷业，记录媒介的复制	1.90	1.80	1.85
20	文教体育用品制造业	0.96	0.76	0.83
21	石油加工及炼焦业	27.21	23.60	31.60
22	化学原料及化学品制造业	149.64	118.68	155.55

序号	碳排放部门名称	1993 年	1994 年	1995 年
23	医药制造业	12.09	13.13	16.12
24	化学纤维制造业	8.10	7.62	9.07
25	橡胶制品业	8.46	8.93	9.75
26	塑料制品业	4.58	3.87	5.04
27	非金属矿物制品业	231.66	255.55	276.20
28	黑色金属冶炼及压延加工业	99.92	99.86	114.85
29	有色金属冶炼及压延加工业	20.00	19.33	20.37
30	金属制品业	12.01	12.43	13.51
31	普通机械制造业	24.08	25.99	25.90
32	专用设备制造业	14.70	16.23	15.67
33	交通运输设备制造业	16.43	14.40	16.09
34	电气机械及器材制造业	7.46	8.44	8.27
35	电子及通信设备制造业	4.70	4.49	3.62
36	仪器仪表、文化办公用机械制造业	1.71	1.38	1.67
37	其他制造业	37.14	24.91	18.30
38	电力、蒸气、热水的生产和供应业	881.76	947.72	1037.81
39	煤气生产和供应业	3.87	2.62	2.51
40	自来水的生产和供应业	0.58	0.57	0.74
41	建筑业	19.83	18.35	16.97
42	交通运输、仓储及邮电通信业	117.22	117.01	124.54
43	批发和零售贸易业、餐饮业	31.80	27.16	30.32
44	其他服务业	99.66	93.68	84.09
45	城镇居民生活消费	130.81	119.86	121.08
46	农村居民生活消费	126.78	126.60	127.46
	合计	2387.91	2427.47	2617.53

附表 5　1996—1999 年各部门化石燃料燃烧碳排放量 单位：Mt CO_2

序号	碳排放部门名称	1996 年	1997 年	1998 年	1999 年
1	农、林、牧、渔、水利业	41.91	42.59	43.01	41.04
2	煤炭开采和洗选业	42.00	41.72	49.32	45.52

序号	碳排放部门名称	1996 年	1997 年	1998 年	1999 年
3	石油和天然气开采业	25.98	40.92	37.13	40.73
4	黑色金属矿采选业	3.89	3.64	3.56	2.69
5	有色金属矿采选业	4.15	3.25	2.89	2.38
6	非金属矿采选业	7.19	6.87	6.72	6.76
7	其他采矿业	3.82	3.68	3.74	2.58
8	农副食品加工业	22.78	25.59	25.74	22.37
9	食品制造业	17.19	14.90	15.26	15.60
10	饮料制造业	14.66	12.16	14.81	14.19
11	烟草制品业	3.73	3.95	3.70	4.97
12	纺织业	36.01	33.63	33.08	33.22
13	纺织服装、鞋、帽制造业	2.92	2.84	3.57	3.92
14	皮革、毛皮、羽毛(绒)及其制品业	1.97	1.83	2.48	2.64
15	木材加工及木、竹、藤、棕、草制品业	5.08	5.05	5.50	5.31
16	家具制造业	1.14	1.03	1.09	1.34
17	造纸及纸制品业	27.58	26.36	26.99	26.22
18	印刷业和记录媒介的复制	1.59	1.41	1.69	1.85
19	文教体育用品制造业	0.95	0.63	1.52	0.96
20	石油加工、炼焦及核燃料加工业	33.73	34.60	63.53	61.20
21	化学原料及化学制品制造业	164.82	141.86	134.70	108.82
22	医药制造业	11.57	9.94	10.86	12.01
23	化学纤维制造业	7.56	7.90	11.48	11.01
24	橡胶制品业	7.98	6.89	8.01	8.36
25	塑料制品业	4.56	4.61	3.94	3.81
26	非金属矿物制品业	258.15	264.39	271.13	276.78
27	黑色金属冶炼及压延加工业	98.99	104.23	114.26	110.86
28	有色金属冶炼及压延加工业	18.31	19.68	22.90	23.34
29	金属制品业	12.91	11.28	12.65	12.45
30	通用设备制造业	26.02	21.97	20.20	18.25
31	专用设备制造业	13.01	12.31	11.94	12.02
32	交通运输设备制造业	14.27	14.12	14.46	16.48

序号	碳排放部门名称	1996 年	1997 年	1998 年	1999 年
33	电气机械及器材制造业	7.38	7.06	6.80	6.98
34	通信设备、计算机及其他电子设备制造业	3.26	4.01	3.60	4.21
35	仪器仪表及文化、办公用机械制造业	1.31	1.14	1.29	1.51
36	工艺品及其他制造业	11.23	11.38	12.18	11.67
37	废弃资源和废旧材料回收加工业	0.00	0.00	0.00	0.00
38	电力、热力的生产和供应业	1205.04	1188.01	1195.42	1277.40
39	燃气生产和供应业	5.62	5.21	4.21	6.99
40	水的生产和供应业	0.55	0.50	0.68	0.96
41	建筑业	31.14	32.14	33.52	34.35
42	交通运输、仓储及邮电通信业	188.54	187.86	191.96	201.61
43	批发和零售贸易业、餐饮业	33.44	33.59	33.97	32.54
44	其他服务业	66.89	66.61	65.14	67.06
45	城镇居民生活消费	104.09	100.67	100.32	98.23
46	农村居民生活消费	107.31	104.92	103.84	100.71
	合计	2702.82	2668.95	2734.79	2793.89

附表 6　2000—2004 年各部门化石燃料燃烧碳排放量 单位：Mt CO_2

序号	碳排放部门名称	2000 年	2001 年	2002 年	2003 年	2004 年
1	农、林、牧、渔、水利业	44.58	47.81	52.68	60.38	68.76
2	煤炭开采和洗选业	41.15	43.68	44.17	54.45	42.33
3	石油和天然气开采业	45.80	47.99	49.69	50.70	40.84
4	黑色金属矿采选业	2.98	3.06	3.59	4.29	7.19
5	有色金属矿采选业	2.69	2.68	2.95	3.11	4.38
6	非金属矿采选业	7.21	7.55	7.70	9.00	9.37
7	其他采矿业	2.72	2.57	2.43	2.40	0.19
8	农副食品加工业	19.86	21.69	22.22	20.75	34.43
9	食品制造业	13.97	14.18	13.93	12.76	17.58
10	饮料制造业	12.57	12.28	12.53	12.42	20.32
11	烟草制品业	3.82	4.04	4.16	3.98	2.44
12	纺织业	28.54	30.42	31.33	32.83	44.42

序号	碳排放部门名称	2000 年	2001 年	2002 年	2003 年	2004 年
13	纺织服装、鞋、帽制造业	3.47	3.60	3.77	3.95	5.48
14	皮革、毛皮、羽毛（绒）及其制品业	2.19	2.18	2.21	2.32	3.20
15	木材加工及木、竹、藤、棕、草制品业	4.63	4.87	4.95	5.87	8.80
16	家具制造业	1.08	1.18	1.20	1.33	0.85
17	造纸及纸制品业	25.20	26.80	29.11	28.31	37.25
18	印刷业和记录媒介的复制	1.75	1.83	1.90	1.98	1.39
19	文教体育用品制造业	0.93	0.98	1.02	1.05	1.24
20	石油加工、炼焦及核燃料加工业	59.94	59.94	63.19	74.32	97.54
21	化学原料及化学制品制造业	157.18	159.29	180.50	194.47	258.28
22	医药制造业	10.28	10.45	10.84	11.01	13.65
23	化学纤维制造业	10.51	9.84	10.71	7.15	7.45
24	橡胶制品业	6.46	6.76	6.91	7.08	9.22
25	塑料制品业	3.31	3.27	3.09	3.29	5.25
26	非金属矿物制品业	436.34	486.94	515.94	637.83	781.25
27	黑色金属冶炼及压延加工业	374.07	412.27	444.01	575.44	672.50
28	有色金属冶炼及压延加工业	27.94	27.51	31.18	34.88	43.62
29	金属制品业	11.00	11.86	12.48	11.26	10.81
30	通用设备制造业	15.07	15.80	16.84	17.30	21.94
31	专用设备制造业	10.36	10.21	9.80	11.23	10.87
32	交通运输设备制造业	14.02	14.54	15.79	13.70	14.98
33	电气机械及器材制造业	6.05	5.71	6.00	6.10	8.67
34	通信设备、计算机及其他电子设备制造业	4.07	4.37	5.28	5.25	5.44
35	仪器仪表及文化、办公用机械制造业	1.21	1.21	1.27	1.70	1.13
36	工艺品及其他制造业	10.48	9.80	9.52	8.72	3.12
37	废弃资源和废旧材料回收加工业	0.00	0.00	0.00	0.07	0.30
38	电力、热力的生产和供应业	1346.15	1428.63	1599.33	1903.82	2088.00
39	燃气生产和供应业	6.38	6.71	6.00	6.69	6.01
40	水的生产和供应业	0.77	0.72	0.68	0.68	0.64

序号	碳排放部门名称	2000 年	2001 年	2002 年	2003 年	2004 年
41	建筑业	35.33	37.76	41.32	45.82	52.79
42	交通运输、仓储及邮电通信业	212.07	218.13	224.57	270.71	322.65
43	批发和零售贸易业、餐饮业	34.32	37.13	41.19	47.76	55.39
44	其他服务业	74.86	77.70	82.15	92.84	105.85
45	城镇居民生活消费	96.43	98.95	102.20	112.79	127.41
46	农村居民生活消费	98.48	97.81	99.88	109.02	123.92
	合计	3328.22	3532.71	3832.24	4522.80	5199.13

附表 7　2005—2009 年各部门化石燃料燃烧碳排放量 单位：Mt CO_2

序号	碳排放部门名称	2005 年	2006 年	2007 年	2008 年	2009 年
1	农、林、牧、渔、水利业	77.86	81.65	78.88	75.76	77.76
2	煤炭开采和洗选业	47.66	55.14	63.20	65.00	103.17
3	石油和天然气开采业	40.47	46.16	48.94	52.13	49.81
4	黑色金属矿采选业	8.15	9.08	9.97	11.96	10.89
5	有色金属矿采选业	4.82	5.37	5.01	4.44	4.50
6	非金属矿采选业	10.40	12.15	13.15	13.40	14.15
7	其他采矿业	0.21	0.04	0.06	0.04	0.05
8	农副食品加工业	39.00	41.95	49.24	53.47	53.42
9	食品制造业	19.97	22.43	22.68	24.81	26.31
10	饮料制造业	23.20	24.40	26.26	27.37	27.39
11	烟草制品业	2.70	2.44	2.14	1.91	1.65
12	纺织业	48.82	48.92	50.30	48.55	48.18
13	纺织服装、鞋、帽制造业	6.36	7.30	7.60	7.72	7.44
14	皮革、毛皮、羽毛(绒)及其制品业	3.41	5.15	5.11	4.87	4.67
15	木材加工及木、竹、藤、棕、草制品业	10.03	10.67	10.94	11.85	12.67
16	家具制造业	1.04	1.82	1.94	2.20	2.14
17	造纸及纸制品业	41.76	43.18	44.73	49.19	53.94
18	印刷业和记录媒介的复制	1.50	2.14	2.20	2.36	2.19
19	文教体育用品制造业	1.22	1.79	1.73	1.75	1.66

序号	碳排放部门名称	2005 年	2006 年	2007 年	2008 年	2009 年
20	石油加工、炼焦及核燃料加工业	98.51	98.70	109.07	110.59	129.56
21	化学原料及化学制品制造业	290.60	316.80	362.72	348.42	356.62
22	医药制造业	15.41	18.12	19.87	21.19	19.25
23	化学纤维制造业	8.70	8.02	8.39	7.54	6.75
24	橡胶制品业	10.16	10.60	11.25	11.70	11.30
25	塑料制品业	5.56	7.60	7.59	8.28	7.84
26	非金属矿物制品业	871.19	953.88	1049.74	1101.09	1211.65
27	黑色金属冶炼及压延加工业	897.75	1006.66	1131.55	1194.14	1376.30
28	有色金属冶炼及压延加工业	51.36	63.47	71.16	74.70	77.68
29	金属制品业	11.64	15.38	16.86	18.05	17.25
30	通用设备制造业	28.50	32.84	37.57	42.01	43.14
31	专用设备制造业	11.60	13.43	14.01	14.84	15.19
32	交通运输设备制造业	17.44	20.27	21.31	24.09	23.81
33	电气机械及器材制造业	9.45	12.71	12.55	12.89	12.34
34	通信设备、计算机及其他电子设备制造业	5.90	8.37	8.07	7.86	7.34
35	仪器仪表及文化、办公用机械制造业	1.34	1.58	1.61	1.44	1.56
36	工艺品及其他制造业	3.13	3.70	3.65	3.71	3.28
37	废弃资源和废旧材料回收加工业	0.27	0.31	0.50	0.97	1.11
38	电力、热力的生产和供应业	2359.37	2652.56	2837.27	2926.82	3160.25
39	燃气生产和供应业	5.93	5.83	5.67	4.27	2.79
40	水的生产和供应业	0.69	0.76	0.64	0.64	0.62
41	建筑业	56.73	62.06	66.94	56.98	73.24
42	交通运输、仓储及邮电通信业	351.10	385.41	414.18	437.67	438.14
43	批发和零售贸易业、餐饮业	60.66	64.16	68.97	67.29	72.45
44	其他服务业	107.57	113.92	121.94	129.69	131.39
45	城镇居民生活消费	129.21	142.88	156.33	150.04	151.47
46	农村居民生活消费	130.88	132.93	135.19	131.99	137.57
	合计	5929.24	6574.73	7138.69	7367.72	7991.86

附表 8　2010—2014 年各部门化石燃料燃烧碳排放量 单位：Mt CO$_2$

序号	碳排放部门名称	2010 年	2011 年	2012 年	2013 年	2014 年
1	农、林、牧、渔、水利业	81.34	85.25	88.57	95.53	98.89
2	煤炭开采和洗选业	107.68	113.00	116.19	123.20	94.92
3	石油和天然气开采业	52.33	48.67	48.33	52.11	50.36
4	黑色金属矿采选业	21.05	16.18	14.90	16.83	16.19
5	有色金属矿采选业	4.88	5.53	5.34	5.07	4.85
6	非金属矿采选业	14.14	12.33	12.53	12.84	12.24
7	其他采矿业	0.09	0.01	5.79	4.76	5.02
8	农副食品加工业	54.50	53.42	0.03	0.06	0.06
9	食品制造业	26.19	25.78	51.43	50.17	42.90
10	饮料制造业	26.92	27.19	26.43	26.22	22.52
11	烟草制品业	1.70	2.25	25.50	26.15	23.47
12	纺织业	48.17	45.98	1.66	1.58	1.35
13	纺织服装、鞋、帽制造业	7.59	6.73	39.24	38.08	30.13
14	皮革、毛皮、羽毛（绒）及其制品业	4.14	3.57	6.74	6.03	5.64
15	木材加工及木、竹、藤、棕、草制品业	12.17	11.88	4.01	3.63	3.19
16	家具制造业	2.27	1.95	11.39	10.72	11.44
17	造纸及纸制品业	53.95	53.19	1.82	1.75	1.59
18	印刷业和记录媒介的复制	2.24	1.75	46.67	42.38	33.82
19	文教体育用品制造业	1.69	1.15	1.72	1.97	2.32
20	石油加工、炼焦及核燃料加工业	142.27	154.86	2.80	2.96	3.42
21	化学原料及化学制品制造业	377.82	432.36	153.75	155.91	159.51
22	医药制造业	20.82	21.97	419.95	430.76	446.17
23	化学纤维制造业	6.93	7.30	22.55	22.60	22.52
24	橡胶制品业	11.75	10.24	7.26	7.23	6.77
25	塑料制品业	8.18	7.27	12.22	11.57	10.82
26	非金属矿物制品业	1322.18	1468.94	1489.25	1578.17	1614.60
27	黑色金属冶炼及压延加工业	1523.13	1658.40	1754.59	1846.98	1886.23
28	有色金属冶炼及压延加工业	77.38	80.40	78.10	80.03	80.92

序号	碳排放部门名称	2010 年	2011 年	2012 年	2013 年	2014 年
29	金属制品业	16.24	14.25	18.84	20.21	17.21
30	通用设备制造业	44.07	58.01	36.88	32.17	31.15
31	专用设备制造业	18.14	15.60	12.23	12.84	12.97
32	交通运输设备制造业	25.26	25.46	17.26	17.92	16.61
33	电气机械及器材制造业	13.11	11.43	9.43	8.63	7.12
34	通信设备、计算机及其他电子设备制造业	7.54	5.28	10.40	10.53	6.71
35	仪器仪表及文化、办公用机械制造业	1.69	1.26	4.80	4.61	5.32
36	工艺品及其他制造业	3.13	3.04	1.23	1.26	0.75
37	废弃资源和废旧材料回收加工业	1.93	1.89	1.79	1.91	2.01
38	电力、热力的生产和供应业	3443.76	3918.31	1.79	2.09	2.27
39	燃气生产和供应业	2.52	1.96	0.94	0.55	0.43
40	水的生产和供应业	0.79	0.60	4159.99	4372.40	4165.22
41	建筑业	85.12	89.18	1.97	2.54	3.76
42	交通运输、仓储及邮电通信业	486.09	528.21	0.72	0.57	0.45
43	批发和零售贸易业、餐饮业	74.12	83.03	93.22	104.42	112.46
44	其他服务业	140.13	153.28	581.18	619.52	647.77
45	城镇居民生活消费	166.17	178.57	88.71	93.98	92.44
46	农村居民生活消费	145.79	154.42	164.69	178.12	171.71
	合计	8689.13	9601.28	10 002.49	10 507.80	10 376.59

附表 9 1991—1995 年工业生产过程碳排放量　　单位：Mt CO_2

碳排放部门名称及相应的工业生产过程	1991 年	1992 年	1993 年	1994 年	1995 年
化学原料及化学品制造业	37.25	39.03	38.01	42.18	47.77
合成氨	33.02	34.47	32.89	36.55	41.49
电石	2.59	2.67	2.91	3.21	3.80
纯碱	1.63	1.89	2.22	2.41	2.48
非金属矿物制品业	99.78	121.75	145.31	166.37	187.87

碳排放部门名称及 相应的工业生产过程	1991 年	1992 年	1993 年	1994 年	1995 年
水泥	99.78	121.75	145.31	166.37	187.87
黑色金属冶炼及压延加工业	160.63	172.59	189.69	207.54	246.73
铬铁	0.49	0.53	0.48	0.48	0.78
结晶硅	1.72	1.72	1.72	1.72	1.72
其他铁	3.20	3.00	2.70	2.70	2.70
焦炭（作为还原剂）	155.22	167.34	184.79	202.64	241.53
有色金属冶炼及压延加工业	3.84	4.12	4.35	4.30	5.95
焦炭（作为还原剂）	3.84	4.12	4.35	4.30	5.95
合计	301.51	337.48	377.37	420.38	488.31

附表 10　1996—2000 年工业生产过程碳排放量　　单位：Mt CO$_2$

碳排放部门名称及 相应的工业生产过程	1996 年	1997 年	1998 年	1999 年	2000 年
化学原料及化学品制造业	52.59	51.81	53.19	57.66	57.66
合成氨	46.41	45.00	47.01	51.48	50.46
电石	3.40	3.79	3.09	3.00	3.74
纯碱	2.78	3.01	3.09	3.18	3.46
非金属矿物制品业	194.02	202.14	211.72	226.34	235.82
水泥	194.02	202.14	211.72	226.34	235.82
黑色金属冶炼及压延加工业	259.13	246.90	264.32	254.10	255.69
铬铁	0.47	0.47	0.55	0.39	0.51
结晶硅	1.72	1.72	1.72	1.72	1.72
其他铁	1.37	1.70	3.05	3.99	4.93
焦炭（作为还原剂）	255.58	243.02	259.00	248.00	248.53
有色金属冶炼及压延加工业	8.35	6.59	6.72	6.50	6.46
焦炭（作为还原剂）	8.35	6.59	6.72	6.50	6.46
合计	514.09	507.44	535.96	544.59	555.63

附表 11 2001—2005 年工业生产过程碳排放量　单位：Mt CO$_2$

碳排放部门名称及 相应的工业生产过程	2001 年	2002 年	2003 年	2004 年	2005 年
化学原料及化学品制造业	59.01	64.10	67.87	76.32	84.68
合成氨	51.41	55.13	57.34	62.03	68.94
电石	3.81	4.68	5.83	8.76	9.84
纯碱	3.79	4.29	4.70	5.54	5.90
非金属矿物制品业	261.11	286.38	340.52	381.89	422.20
水泥	261.11	286.38	340.52	381.89	422.20
黑色金属冶炼及压延加工业	285.77	318.70	422.60	507.28	703.71
铬铁	0.44	0.43	0.70	0.78	1.11
结晶硅	1.72	2.15	2.58	2.84	2.80
其他铁	7.20	17.86	22.83	31.89	39.19
焦炭（作为还原剂）	276.41	298.26	396.49	471.77	660.62
有色金属冶炼及压延加工业	7.20	6.97	7.42	8.32	11.39
焦炭（作为还原剂）	7.20	6.97	7.42	8.32	11.39
合计	613.09	676.15	838.41	973.81	1221.98

附表 12 2006—2010 年工业生产过程碳排放量　单位：Mt CO$_2$

碳排放部门名称及 相应的工业生产过程	2006 年	2007 年	2008 年	2009 年	2010 年
化学原料及化学品制造业	93.48	101.08	95.09	101.65	99.10
合成氨	74.05	77.57	73.14	77.05	74.47
电石	12.95	16.18	14.25	16.54	16.19
纯碱	6.47	7.32	7.70	8.07	8.44
非金属矿物制品业	488.52	537.66	562.31	649.37	743.35
水泥	488.52	537.66	562.31	649.37	743.35
黑色金属冶炼及压延加工业	786.83	874.52	907.44	1050.82	1131.24
铬铁	1.36	1.68	1.96	2.36	2.61
结晶硅	3.14	3.5	3.53	2.32	4.91
其他铁	52.89	64.66	66.89	80.68	89.19
焦炭（作为还原剂）	729.44	804.65	835.07	965.46	1034.53
有色金属冶炼及压延加工业	12.99	14.71	15.20	20.11	17.29
焦炭（作为还原剂）	12.99	14.71	15.20	20.11	17.29
合计	1381.82	1527.97	1580.04	1821.95	1990.98

附表 13　2011—2014 年工业生产过程碳排放量　　单位：Mt CO_2

碳排放部门名称及相应的工业生产过程	2011 年	2012 年	2013 年	2014 年
化学原料及化学品制造业	107.29	113.32	121.34	123.72
合成氨	78.79	82.93	86.09	85.49
电石	18.98	20.45	25.16	27.74
纯碱	9.52	9.94	10.09	10.48
非金属矿物制品业	829.21	872.89	955.60	984.37
水泥	829.21	872.89	955.60	984.37
黑色金属冶炼及压延加工业	1207.86	1312.20	1362.15	1383.34
铬铁	2.98	3.90	5.20	6.11
结晶硅	5.83	6.45	6.45	6.45
其他铁	102.07	113.57	132.38	133.11
焦炭（作为还原剂）	1096.98	1188.28	1218.12	1237.67
有色金属冶炼及压延加工业	20.22	18.39	17.80	18.23
焦炭（作为还原剂）	20.22	18.39	17.80	18.23
合计	2164.58	2316.80	2456.89	2509.66

附录 C　SDA 计算程序

C.1　SDA 加权平均分解法求解程序

若 SDA 分解模型存在 n 个独立变量，则存在 $n!$ 种一阶分解形式（Dietzenbacher and Los，1998），因此模型计算量较大，有必要编制计算机程序进行计算。本程序采用的 SDA 算法是加权平均分解法（李景华，2004；Li，2005）。以下程序的作用是在给定独立变量数 n 的情况下求解 SDA 模型 $E(\Delta x_i)$ 项的解析解。

该程序用到的工具箱是 Symbolic Math Toolbox，在 MATLAB R2011a 上正常运行。代码已共享至 MathWorks File Exchange[①]，搜索 Ideal decomposition code for Structural Decomposition Analysis（SDA）即可下载。

---

① 　https://cn.mathworks.com/matlabcentral/fileexchange/42057-ideal-decomposition-code-for-structural-decomposition-analysis--sda-

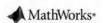

Overview   Functions

The algorithm I used in this .m file is from LI(2005). For more information on SDA, see SU(2012).
References:
LI J. 2005. A decomposition method of structural decomposition analysis[J]. Journal of Systems Science and Complexity, 18(2): 210-218.
SU B, ANG B W. 2012. Structural decomposition analysis applied to energy and emissions: Some methodological developments[J]. Energy Economics, 34(1): 177-188.

程序开始(不包括本行)

```
%%输入独立变量数
clear;clc
n = input('Please input the number of independent variables (>=2): ');
disp(' ')
disp('Assume we have y = x1 * x2 * ... * xn, where n is the number of inde-
pendent variables.')
disp('Let 0 be first and 1 be the last period of a time span.')
disp('Let y_t and xi_t (for i = 1,2,...,n) stand for the values of y and
xi at time t (for t = 0 or 1).')
disp('Then, dy = y_1 - y_0 = x1_1 * x2_1 * ... * xn_1 - x1_0 * x2_0
* ... * xn_0.')
disp('Let contribution to dy of the effect of change in xi be denoted by E
(dxi), which yields')
disp('    dy = E(dx1) + E(dx2) + ... + E(dxn),')
disp('where E(dxi) is the average n! decomposition forms of dxi effect.')
disp(' ')
```

```
    temp = sprintf('There are % d independent variables in this case.',n);
disp(temp)
    temp = sprintf('There are(is) % d variable(s) of xi_t (t = 0 or 1) and 1
variable of dxi in each decomposition form.',n-1);disp(temp)
    disp('')


    % % 计算不同分解方式的权重
    c = 0;
    for s = 0:n-1
    f(s+1) = factorial(sym(s)) * factorial(sym(n-s-1))/factorial(sym
(n));
    c(s+1) = nchoosek(n-1,s);
    end
    for s = 0:n-1
    disp('- - - - - -')
    temp = sprintf(' Given the condition of % d variable(s) of xi_1 and % d
variable(s) of xj_0 in a decomposition form,',s,n-1-s);disp(temp)
    temp = sprintf(' we have % d decomposition form(s) which meet(s) the a-
bove condition.',c(s+1));disp(temp)
    temp = sprintf(' The weight value of each decomposition form is % s.',
char(f(s+1)));disp(temp)
    end
    cleartemp
    disp('')
    disp('= = = = = = = = = = = = = = = = = = Calculating = = = = = = = =
= = = = = = = = = = = =')


    % % 首先生成 n 个 time = 0 及 1 的符号变量 xi,然后分成 xt0 和 xt1 两组,
同时定义数组 dx,表示 xt1 和 xt0 对应元素的差值
    xt0 = sym('x % d0',[1 n]);
    xt1 = sym('x % d1',[1 n]);
    x = sym('x % d9',[1 n]);


    % % 计算各 E(xi)的值
    EX = sym(zeros(n,1));
    EX_matrix = sym(zeros(n,sum(c)));
    for i = 1:n
```

```
if i = = 1
xt1_temp = xt1(1,2:n);
elseif i = = n
xt1_temp = xt1(1,1:n - 1);
else
xt1_temp = [xt1(1,1:i - 1),xt1(1,i + 1:n)];
end

jj = 1;
for s = 0:n - 1
if s = = 0;
EX_temp = 1;
for j = 1:n
if j = = i;
EX_temp = x(j) * EX_temp;
else
EX_temp = xt0(j) * EX_temp;
end
end
EX(i) = f(s + 1) * EX_temp + EX(i);
EX_matrix(i,1) = f(s + 1) * EX_temp;
elseif s = = n - 1;
EX_temp = 1;
for j = 1:n
if j = = i;
EX_temp = x(j) * EX_temp;
else
EX_temp = xt1(j) * EX_temp;
end
end
EX(i) = f(s + 1) * EX_temp + EX(i);
EX_matrix(i,sum(c)) = f(s + 1) * EX_temp;
else
xt1_combination = combnk(xt1_temp,s);
EX_temp_plus = 0;
for ii = 1:c(s + 1)
jj = jj + 1;
```

```
xt1_combination_single = xt1_combination(ii,:);
xt1_filled_with_zeros = sym(zeros(1,n));
for j = 1:s
xt1_location = find(xt1 = = xt1_combination_single(j));
xt1_filled_with_zeros(xt1_location) = xt1(xt1_location);
end
EX_temp = 1;
for j = 1:n
if j = = i;
EX_temp = x(j) * EX_temp;
elseif j = = find(xt1 = = xt1_filled_with_zeros(j));
EX_temp = xt1(j) * EX_temp;
else
EX_temp = xt0(j) * EX_temp;
end
end
EX_temp_plus = EX_temp + EX_temp_plus;
EX_matrix(i,jj) = f(s + 1) * EX_temp;
end
EX(i) = f(s + 1) * EX_temp_plus + EX(i);
end
end
end


% % 显示结果
for i = 1:n
disp('')
temp = sprintf('The solution of E(dx % d) equals', i);disp(temp)
pretty(EX(i))
end
cleari ii j jj s EX_temp EX_temp_plus xt1_combination xt1_combination_
single xt1_filled_with_zeros xt1_location xt1_temp temp

disp('Note: Variable names like x19,x29...xn9 stand for dx1,dx2,...dxn.
')

disp('Reference: Li, J., 2005. A decomposition method of structural de-
composition analysis. Journal of Systems Science and Complexity 18, 210 –
```

218.")

————程序结束(不包括本行)————

C.2 1992—2012 年 SDA 驱动因素计算程序

```
%%加载数据
clear;clc;
loadChina92_12.mat


%%调用 runsda4 函数计算
% 1992 - 1997
[EX_co2_92_97,EX_A_92_97] = runsda4(F_1992,A_1992,Ys_1992,Yv_1992,
F_1997,A_1997,Ys_1997,Yv_1997);
    EX_co2_92_97_sum = sum(EX_co2_92_97)
    EX_co2_92_97_total = sum(sum(EX_co2_92_97))


% 1997 - 2002
[EX_co2_97_02,EX_A_97_02] = runsda4(F_1997,A_1997,Ys_1997,Yv_1997,
F_2002,A_2002,Ys_2002,Yv_2002);
    EX_co2_97_02_sum = sum(EX_co2_97_02)
    EX_co2_97_02_total = sum(sum(EX_co2_97_02))


% 2002 - 2007
[EX_co2_02_07,EX_A_02_07] = runsda4(F_2002,A_2002,Ys_2002,Yv_2002,
F_2007,A_2007,Ys_2007,Yv_2007);
    EX_co2_02_07_sum = sum(EX_co2_02_07)
    EX_co2_02_07_total = sum(sum(EX_co2_02_07))


% 2007 - 2012
[EX_co2_07_12,EX_A_07_12] = runsda4(F_2007,A_2007,Ys_2007,Yv_2007,
F_2012,A_2012,Ys_2012,Yv_2012);
    EX_co2_07_12_sum = sum(EX_co2_07_12)
    EX_co2_07_12_total = sum(sum(EX_co2_07_12))


% 1992 - 2012
[EX_co2_92_12,EX_A_92_12] = runsda4(F_1992,A_1992,Ys_1992,Yv_1992,
F_2012,A_2012,Ys_2012,Yv_2012);
    EX_co2_92_12_sum = sum(EX_co2_92_12)
```

```
EX_co2_92_12_total = sum(sum(EX_co2_92_12))

= = = = 以下为 runsda4.m 函数 = = = =
function [EX_co2, EX_A] = runsda4(F_0,A_0,Ys_0,Yv_0,F_1,A_1,Ys_1,Yv
_1)

loadEX4.mat

n = size(A_0,1);
L_0 = inv(eye(n) - A_0);
L_1 = inv(eye(n) - A_1);

delta_F_0_1 = F_1 - F_0;
delta_A_0_1 = A_1 - A_0;
delta_L_0_1 = L_1 - L_0;
delta_Ys_0_1 = Ys_1 - Ys_0;
delta_Yv_0_1 = Yv_1 - Yv_0;

x10 = F_0;
x11 = F_1;
x20 = L_0;
x21 = L_1;
x30 = Ys_0;
x31 = Ys_1;
x40 = Yv_0;
x41 = Yv_1;
x19 = delta_F_0_1;
x29 = delta_L_0_1;
x39 = delta_Ys_0_1;
x49 = delta_Yv_0_1;

EX_co2 = zeros(n,4);

% % 1.1 Calculate $E(\Delta F)$
x19 = diag(delta_F_0_1);
EX_co2(:,1) = eval(char(EX(1)))/10^6;

x19 = delta_F_0_1;
```

```
% % 1.2 Calcualte $ E(\Delta L) $
EX_A = zeros(n);

for j = 1:n
for i = 1:n
delta_A_0_1_j = zeros(n);
delta_A_0_1_j(i,j) = delta_A_0_1(i,j);
x29 = L_1 * delta_A_0_1_j * L_0;
EX_A(i,j) = eval(char(EX(2)))/10^6;
end
end
EX_co2(:,2) = sum(EX_A)';

% % 1.3 Calcualte $ E(\Delta Y_s) $
x39 = diag(delta_Ys_0_1);
EX_co2(:,3) = eval(char(EX(3)))'/10^6;

x39 = delta_Ys_0_1;

% % 1.4 Calcualte $ E(\Delta Y_v) $
x30 = diag(Ys_0);
x31 = diag(Ys_1);
EX_co2(:,4) = eval(char(EX(4)))'/10^6;

x30 = Ys_0;
x31 = Ys_1;

disp('Unit: Mt CO2, 元素值表示各因素变化引起的碳排放量变化')
```